雷树德 编

曾国藩手书家训

中国文史出版社

图书在版编目（CIP）数据

曾国藩手书家训 / 雷树德编 . -- 北京：中国文史出版社，2025. 5.
-- ISBN 978-7-5205-5300-1

Ⅰ . B823.1

中国国家版本馆 CIP 数据核字第 2025YG5041 号

出 品 人：彭远国
责任编辑：秦千里　方云虎

出版发行：中国文史出版社
社　　址：北京市海淀区西八里庄路 69 号院　邮编：100142
电　　话：010-81136606　81136602　81136603（发行部）
传　　真：010-81136655
印　　装：廊坊市海涛印刷有限公司
经　　销：全国新华书店
开　　本：16 开
印　　张：13.5
字　　数：20 千字
插　　图：109 幅
版　　次：2025 年 10 月北京第 1 版
印　　次：2025 年 10 月第 1 次印刷
定　　价：98.00 元

序

　　望子成龙，望女成凤，是每个严父慈母的共同希望。兴家立业，齐家治国，是每个炎黄子孙的家国情怀。历史悠久、内涵丰富的家训文化，是中华优秀传统文化中一颗璀璨的明珠，引导和培养造就了无数中华历代杰出人物。而曾国藩家训，因其作者立言、立功、立德的极大成功，在众多的名人家训中有着极为重要的地位，是一份宝贵的精神文化遗产，在今天仍具有特殊的借鉴意义。

　　曾国藩（1811—1872）字伯涵，号涤生，湖南湘乡（今双峰）人。清末中兴将帅之首，杰出的军事家、政治家、文章大家，研究者认为他还是中国近代化事业的开启者，湖南新儒家学派的创始人。他的《曾国藩全集》全面展示了其立德、立功、立言的人生轨迹和大家气象。

　　曾国藩不仅功名事业大成，而且教子有方。其长子曾纪泽，著名外交家，书法有名于当时；次子曾纪鸿，著名数学家；孙子曾广钧，著名诗人；曾孙曾宝荪、曾约农，著名教育家。曾国藩对其四个弟弟的培养也是确有其成，其中四弟曾国华是湘军著名将领，九弟曾国荃更是湘军中屈指可数的人物。

　　曾国藩家训的特点是不讲大而高深的道理，不要求子弟当官发财，而是劝导他们读书明理。他在给儿子曾纪泽的信中，告知写字如何用笔，书家分南北两派，书法以雄健为主，兼具阴柔之美，写字要求快速才能有实用价值；读书应钻研文字学，须探讨字形、训诂与音韵三个方面；作诗应讲究声调，作文要珠圆玉润。他给侄儿曾纪寿写了一篇长信，告知他要立志多读古书，立志做一好人，并将书目和日常修为作了详细说明。他告知儿子曾纪鸿，嫁女不应贪恋母家富贵而忘其翁姑，不要学习小家陋习。他写信给大弟曾国潢，坚决反对买田起屋，但又坚决主张种菜种竹养猪养鱼这些农活。他于夜晚二更写信给其弟曾国荃和子侄，谈家运长久之道在于富贵之家戒骄奢。针对其弟曾国荃肝火上升，脾气发作，他写信告知降龙伏虎与惩忿窒欲之道；告知他要恬淡冲融，豁达光明，做劳谦君子。

曾国藩官至侍郎时，曾给四位弟弟写信，讲他上疏批评咸丰皇帝，差点丢了性命，但他写奏疏之前就已将得失祸福置之度外，其正色立朝之情形跃然纸上。所有这些，都是百余年来，曾国藩家书受人尊重、一印再印的重要原因。

本书精选了曾国藩为其子弟撰写的数十则家训，配以释文，并由编者概括每篇家训的要旨，加以简评。这些家训篇篇笃实精辟，体用兼备，是劝世的金玉良言，是成功的制胜法宝，值得反复回味，切身体察。

同时，本书的不同和精彩之处，是篇篇配以曾氏手书，昭示着这些家训的真实可靠，透过字里行间，反映出曾氏深厚的文化修养与精美的书法艺术，给人以高尚的艺术熏陶。

编者三十余年在湖南图书馆从事业务管理与研究工作，有幸接触到大量的曾国藩原始文献，是曾国藩的崇拜者和研究者。编者希望编辑此书出版，为天下父母提供一份别致有益的家训读本，助其子女茁壮成长、奋发腾飞！

雷树德

二〇二五年五月

目　录

曾国藩像

谕纪泽   咸丰八年八月廿日

简评：作诗讲究声调，写字讲究墨色，这是曾氏多年作诗、临池的心得，在此处详细告知儿子。曾氏自述生平三耻以激励后代，其长子纪泽书法不凡，次子纪鸿精于数学，且做事都能有始有终，曾氏可以无遗憾。

字谕纪泽儿：

十九日曾六来营，接尔初七日第五号家信并诗一首，具悉次日入闱，考具皆齐矣。此时计已出闱还家。余于初八日至河口。本拟由铅山入闽，进捣崇安，已拜疏矣。光泽之贼窜扰江西，连陷泸溪、金溪、安仁三县，即在安仁屯踞。十四日派张凯章往剿，十五日余亦回驻弋阳。待安仁破灭后，余乃由泸溪云碌关入闽

字谕纪泽　晃十九日曹六来营接尔初七
日第五号家信并诗一首具悉次日入闱
考具禀高兴此时十一已出闱还家余
於初八日至河口东搬由铅山入闽进搏崇
安已拜疏矣光泽之贼窜扰江西连隔
泸溪金溪安仁三邑即　在安仁屯踞十四
日派张凯章　维荆十五日余左回驻弋阳
待安仁破灭後余乃由泸溪云际关入闽

也。　　尔七古诗，气清而词亦稳，余阅之忻慰。凡作诗，最宜讲究声调。余所选抄五古九家、七古六家，声调皆极铿锵，耐人百读不厌。余所未钞者，（皆）如左太冲、江文通、陈子昂、柳子厚之五古，鲍明远、高达夫、王摩诘、陆放翁之七古，声调亦清越异常。尔欲作五古、七古，须熟读五

也东七古诗气清而词尚稳余阅之忻慰

凡作诗宜讲究声调余所选抄五古

九家七古六家声调皆（如）铿锵耐人百

读不厌余所未抄者右太冲江文通

陈子昂柳子厚之五古鲍明远夏蓬

夫王三摩诘陆放翁之七古声调尚清

越矣尔尔常永欲作五古七古须熟读五

（古）、七古各数十篇。先之以高声朗诵，以昌其气；继之以密咏恬吟，以玩其味。二者并进，使古人之声调拂拂然若与我之喉舌相习，则下笔为诗时，必有句调凑赴腕下。诗成自读之，亦自觉琅琅可诵，引出一种兴会来。古人云"新诗改罢自长吟"，又云"煅诗未就且长吟"，可见古人惨淡经营之时，亦纯在声调上下工夫。

七古各教十余篇先之以高声朗诵以

昌其气继之以密咏恬吟以玩其味二

者并进使古人之声调拂拂然若与我

之喉舌相习则下笔为诗时必有句调

凑腕下　诗成自读之亦自觉琅琅可诵

引出一种兴会来古人云新诗改罢自

长吟又云煆诗未就且长吟可见古人

惨淡经营之时亦纯在声调上下工夫

盖有字句之诗，人籁也；无字句之诗，天籁也。解此者，能使天籁、人籁凑泊而成，则于诗之道思过半矣。　　尔好写字，是一好气习。近日墨色不甚光润，较去年春夏已稍退矣。　　以后作字，须讲究墨色。古来书家，无不善使墨者，能令一种神光活色浮于纸上，固由临池之勤、

盖有字句之诗人籁也草字句之诗天

籁也解此者能使天籁人籁凑泊而

咸则於诗之道思过半矣尔好写字

是一好气习近日墨色不甚光润较去

年春夏已稍退矣以後作字须讲究墨

色古来书家善不善使墨其能令一

种神光活色浮于纸上固由临池

之

池草

堂

勤

9

染翰之多所致，亦缘于墨之新旧浓淡，用墨之轻重疾徐，皆有精意运乎其间，故能使光气常新也。　　余生平有三耻：学问各途，皆略涉其涯涘，独天文、算学，豪（毫）无所知，虽恒星、五纬亦不识认，一耻也；每作一事，治一业，辄有始无终，二耻也；少时作字，不能临摹一家之体，遂致屡变而无所成，迟钝而不适

梁翰之多，所以不缘柞墨之欹薄浓

溪用墨之轻重疾徐，皆有精意运掌

其间，鈌能使光氣焕發也。余生平有

三耻：學問各塗，皆略涉其涯溪，獨天文

算學毫無所知，雖恒星五緯亦不能認，

一耻也；每作一事，治一業，輒有始無終，

二耻也；少時作字，不能臨摹一家之

骵，遂致屢變而無所成，遲鈍而不通

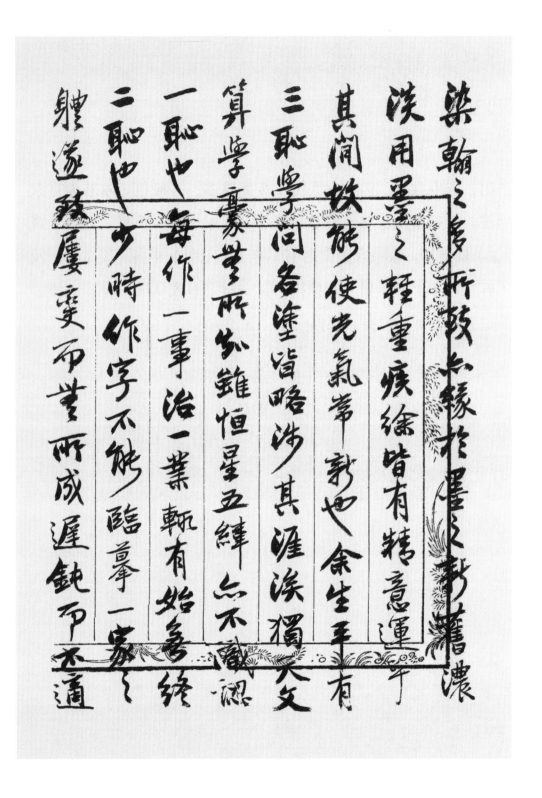

于用，近岁在军，因作字太钝，废阁殊多，三耻也。尔若为克家之子，当思雪此三耻。推步、算学，纵难通晓，恒星、五纬，观（象）认尚易。家中言天文之书，有《十七史》中各《天文志》及《五礼通考》中所辑《观象授时》一种。每夜认明恒星二三座，不过数月，可毕识矣。凡作一事，无论大

柞用近歲在軍因作字太鈍屢閱牒多

三耻也尔若為克家之子當思雪此

三耻推步算學縱難通曉恒星五緯

觀象認歲易家中言天文之書有十七

史中各天文志及五禮通考中所輯觀

象授時一種每宜認明恒星二三座不

過數月可畢識矣凡家事舍論大

池莫尺木堂

13

小难易，皆宜有始有终。作字时，先求圆匀，次求敏捷。若一日能作楷书一万，少或七八千，愈多愈熟，则手腕豪（毫）不费力。将来以之为学，则手钞群书；以之从政，则案无留牍，无穷受用，皆自写字之匀而且捷生出。三者皆足弥吾之缺憾矣。　　今年初次下场，或中或不中，无甚关系。榜后即当看《诗经注疏》，以

小难易皆宜有始有终作字亦要圆

旬次求敏捷若一日能作楷书一万

或七八千愈多愈熟则手腕毫不费力

将来以之考学则手钞群书以之从

政则笺奏当擷其密受用皆自写字

之旬而且捷生出三者皆足吾之缺

憾矣今年初次下场或中或不中

尝甚关系榜后即当看诗经注疏以

后穷经读史，二者迭进。国朝大儒，如顾、阎、江、戴、段、王数先生之书，亦不可不熟读而深思之。光阴难得，一刻千金。　　以后写安禀来营，不妨将胸中所见、简编所得，驰骋议论，俾余得以考察尔之进步，不宜太寥寥，此谕。

咸丰八年八月廿日涤生书于弋阳军中

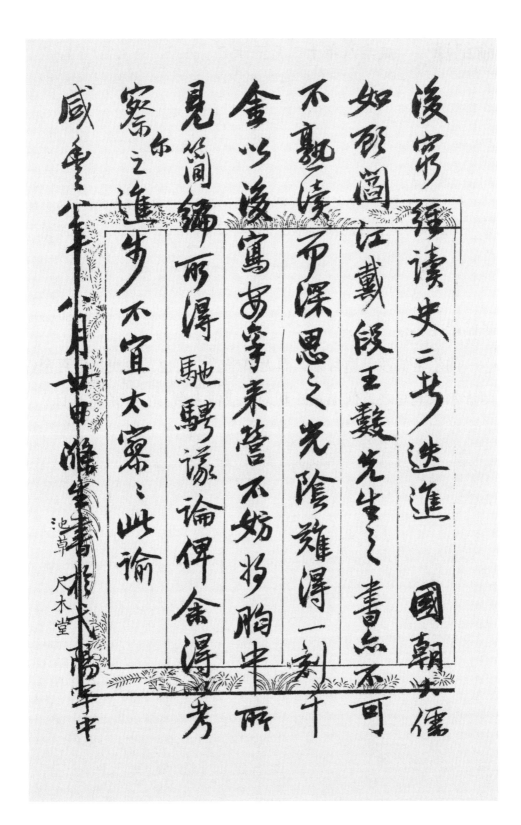

后究经读史二书迭进　国朝大儒

如顾阎江戴段王数先生之书点不可

不熟读而深思之先阴难得一刻千

金以後写安字亲营不妨於胸中所

见篇编所得驰骋谈论俾余得考

察尔进步不宜太窄之此谕

咸丰八年八月廿四申濰堂书於大营中

谕纪泽　咸丰八年十二月三十日

简评：曾氏告诉纪泽做人要有度量，希望他度量大于乃父；又告诉纪泽治经要精小学，希望他向清代王安国、王念孙、王引之学习，传承家学。

字谕纪泽儿：

　　闻尔至长沙已逾月余，而无禀来营，何也？少庚讣信百余件，闻皆尔亲笔写之，何不发匠刊刻？或倩人帮写？非谓尔宜自

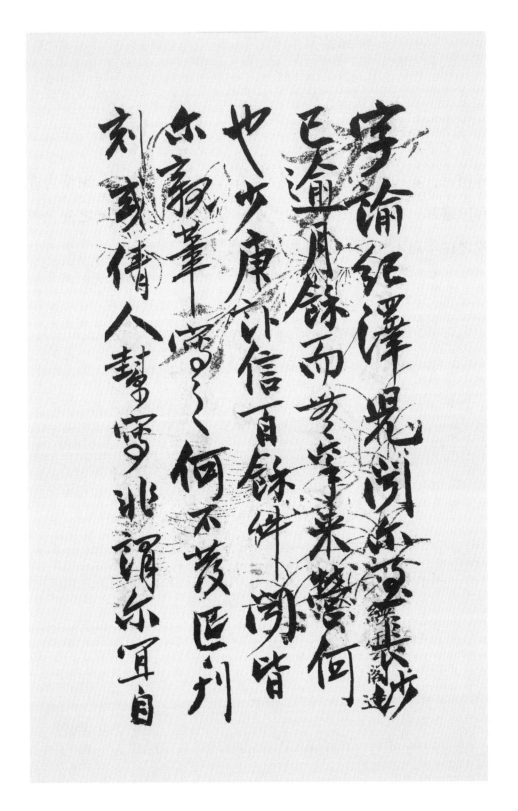

字谕纪泽儿
　　刻刻倩人封寄兆询尔耳自
　　尔家笔窗□□何不发匣刊
　　也少庚以信回录件阅皆
　　已逾月录而芸笔来鉴何
　　□□

惜精力，盖以少庚年未三十，情有等差，礼有隆杀，则精力亦不宜过竭耳。近想已归家度岁。　　今年家中因温甫叔之变，气象较之往年迥不相同。余因去年在家，争辩

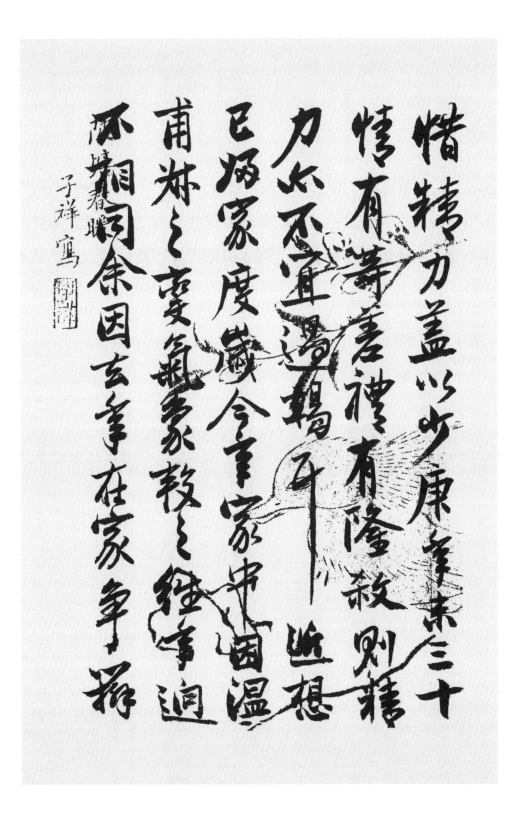

细事，与乡里鄙人无异，至今深抱悔恨。故虽在外，亦恻然寡欢。尔当体我此意，于叔祖、各叔父母前尽些爱敬之心。常存休戚一体之念，无怀彼此歧视之见，则老前辈内外必器爱尔，后辈兄弟（必）姊妹

细思古来乡里郡人世世交至
今深抱悔恨坂锭在外忐恻
然实惶恐尔当体我此意于
并祖父并皉前尽此爱敬之心
常存休戚一体之念誓怀缓
此歧视之见则　老前辈内外
必器爱汝後辈兄弟必䟽妹

必以尔为榜样，日处日亲，愈久愈敬。若使宗族乡党皆曰"纪泽之量大于其父之量"，则余欣然矣。　　余前有信教尔学作

必恭为楷摹日课月课必久
愈敬若使宗族乡党皆曰纪
泽之量大于其父之量则余
欣然矣余前有信教尔学作

赋，尔复禀并未提及。又有信言"涵养"二字，尔复禀亦未之及。嗣后我信中所论之事，尔宜一一禀复。　　余于本朝大儒，自顾亭林之外，最好高邮王氏之学。王安国以鼎甲官至

哇尔渡之学并未提及及有信

言涵养二字尔未渡笔尚未之及

翻阅我信中所论之事宜一

三军渡余于　东郭大儒自郡

亭林之外最好高邮王氏

之学王安国以目疑甲官至

尚书，谥文肃，立色正朝；生怀祖先生念孙，经学精卓，生王引之，复以鼎甲官尚书，谥文简；三代皆好学深思，有汉韦氏、唐颜氏之风。余自憾

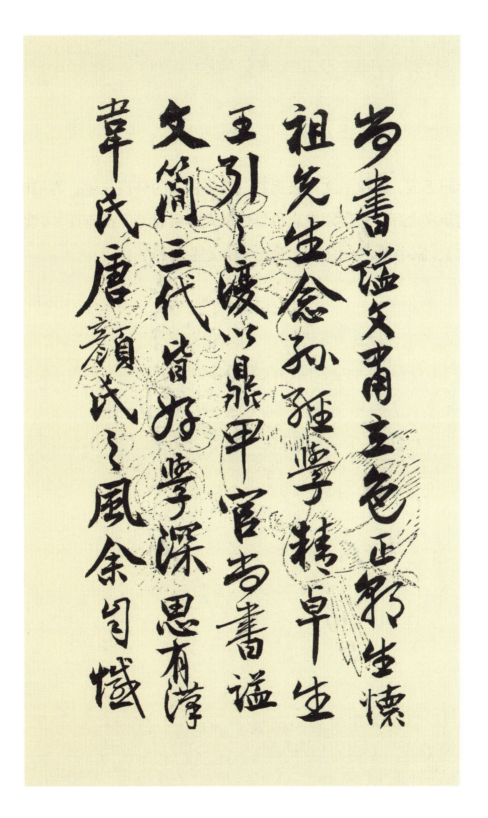

学问无成，有愧王文肃公远甚，而望尔辈为怀祖先生，为伯申氏，则梦寐之际，未尝须臾忘也。怀祖先生所著《广雅疏证》《读书杂志》，家中无之。伯申氏所著《经义述

学问岂年有娓圣文甫公远
业而望尔辈为栗祖先生为
伯申氏刚梦之怅之隙未尝
须臾忘也　栗祖先生一所
箸广征疏证读书杂志家
中藏之伯申氏所箸经籍纂

闻》《经传释词》《皇清经解》内有之，尔可试取一阅，其不知者，写信来问。本朝穷经者皆精小学，大约不出段、王两家之范围耳。余不一一。

父涤生示，十二月卅日

阅经传释词　多清经之阙

有之你可试西阁其不出此

窗信来间　来郭家经共皆籍

小学大约不出段王西家之范

围耳馀不尽　父涤生示　十二月卅日

谕纪泽　咸丰九年三月二十三日

简评：曾氏将书法不如人看作其平生三耻之一，故其一生对书法的临池和研究极为用功，终可列入书法大家之中。此信言学书当知南北两派之别，南派以神韵胜，北派以魄力胜，应根据个人性情所近，各取所长，是很有道理的。

字谕纪泽儿：

廿二日接尔禀并《书谱叙》，以示李少荃、次青、许仙屏诸公，皆极赞美，云尔"钩联顿挫，纯用孙过庭草法，而间架纯用赵法，柔中寓刚，绵里藏针，动合自然"等语，余听之亦欣慰也。　赵文敏集古今之大成，于初唐四家内师虞永兴，而参以钟绍京，因此以上窥二

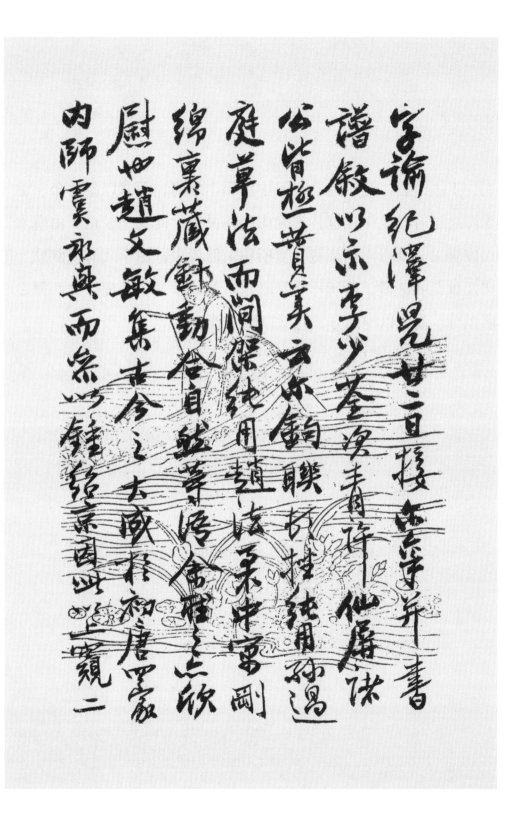

字谕纪泽昙廿二日接尔禀并书
谱敛以宗李少荃家青词仙屏陈
公皆极肯美尔亦钞联甚妙纯用孙过
庭草法而间杂纯用赵法柔中寓刚
绵里藏针动合自然草符儒雅之欲
尉姓赵文敏集书今之太威稍初唐黑象
内师云和典而然以锺绍京因此上窥二

王，下法山谷，此一径也；于中唐师李北海，而参以颜鲁公、徐季海之沉着，此一径也；于晚唐师苏灵芝，此又一径也。由虞永兴以溯二王及晋六朝诸贤，世所称南派者也；由李北海以溯欧、褚及魏北齐诸贤，世所称北派者也。尔欲学书，须窥寻此两派之所以分。南派以神韵分，北派以魄力胜。

至下游山谷一径也继中唐师李北海而

皆以颜鲁公　继李邕有此二径也于

晚唐师苏黄此又一经由南派光西

二王及晋六朝诸贤世所称南派者由李

此海以溯欧褚及魏此皆蒲贤世所称北

派者也　乐领学　书须宽博此派之

所以兮南派以神　韵兮此派以魏力胜

宋四家，苏、黄近于南派，米、蔡近于北派。赵子昂欲合二派而汇为一。尔从赵法入门，将来或趋南派，或趋北派，皆可不迷于所往。我先大夫竹亭公，少学赵书，秀骨天成。我兄弟五人，于字皆下苦功，沅叔天分尤高。尔若能光大先业，甚望甚望！　　制艺一道，

宋四家颇多近于南派来蔡远近于北派
赵子昂欲合二派而汇为一东坡黄山谷皆可
迷于两派我
先大夫竹亭公之学赵书昔曾买大成我
元申五人于字皆下苦功迄无一成天分无几
尔若能光大先业基望于南北艺一道

亦须认真用工。邓（星）师，名手也。尔作文，在家有邓师批改，付营有李次青批改，此极难得，千万莫错过了。付回赵书《楚国夫人碑》，可分送三先生（汪、易、葛）、二外甥及尔诸堂兄弟。又旧宣纸手卷、新宣纸横幅，尔可学《书谱》，请徐柳臣一看。此嘱。

三月廿三日父涤生手谕

尔须认真用工邹墨林先生也尔作文在

家有邹师批改付尔甚有益尔书批改

此极难浮千万莫错过了付回赵书樵

国戋八碑可寄送三先生

尔兄市又旧宣纸手卷嘱宣纸横幅尔

可学书谱请绹柳臣一看此嘱

三月廿三日父涤生季谕

谕纪泽　咸丰九年四月四日

简评：回信应有问有答，曾氏以自己处理办法告之。

日内腹泄，思家中盐姜，可带少许来，不要太干者，以润为妙，老屋包些亦好。前有一信，要带《史记》殿板（版）初印者来营，尔屡次禀信中皆未提及。余每次写家信时，必将诸叔父信及尔来信，撮其应答之事开一小单，又将营中应说之事亦列单内，免致临时忘却，免致有问无答。尔可学之。此谕纪泽知之。

涤生示，四月四日

日内腹泄恩家中盐姜可第少许来不要

太乾者以润为妙老屋宅此必好前有一

信要第史记殿核初印者未尝不屡次

等信中皆未捏及余每次寄家信时必将

诸弟父信及尔来信摘其应答之事开一

单又将营中应说之事点列单内免致

临时忘却免致有尚等若尔可学之此

谕纪泽知之

涤生示　四月四

谕纪泽　咸丰九年八月十二日

简评：此处画图详细说明写字换笔之法，不仅转折处应换笔，横竖撇捺都应换笔。

字谕纪泽儿：

　　尔问作字换笔之法，凡转折之处，如 ㄱ ㄱ ㄴ ㄴ（编者按：指方折、圆折）之类，必须换笔，不待言矣。至并无转折形迹，亦须换

尔问作字换笔之法凡
转折之处必须换笔
断不可用笔尖
另起炉灶
而尔所写转折皆笔尖
顺拖而下
并不换笔

尔问作字换笔之法凡
转折之处必须换笔

笔者。如以一横言之，须有三换笔（末向上挑，所谓磔也；中折而下行，所谓波也；右向上行，所谓勒也；初入手，所谓直来横受也）；以一直言之，须有两换笔（直横入，所谓横来直受也；上向左行，至中腹换而右行，所谓努也）；捺与横相似，特末笔磔处更显耳（直入，波，磔）；撇与直相似，特末笔更撇向外耳（横入，停，掠）。凡换笔，皆以小圈识之，可以类推。凡用笔，须

笔此外以一横言之须有

三换笔

之须有画换笔

撇与横相似将末笔磔实

更显耳　撇与直相似

将末笔更撇向外耳

凡换笔皆以此圆识

立可以类推凡用笔须

略带欹斜之势：如本斜向左，一换笔则向右矣；本斜向右，一换则向左矣。举一反三，尔自悟取可也。　　李春醴处，余拟送之八十金，若家中未先送，可寄信来。凡家中亲友有庆吊事，皆可寄信，由营致情也。

　　　　　　　　　　　　　涤生手示，八月十二日黄州

略带欹斜之势此则斜

向左一换笔则向右亦斜

斜向右一换则向左亦斜

一反三示自悟取之耳

李春醴云余揽送之八十金

若家中未先送可寄信来凡

家中^{亲友}有庆吊等事可寄信由

茔筏情也　涤生手示

八月十三日黄泥

49

谕纪泽   咸丰九年九月初七日

简评：亲族中有红白喜事，应酬情送礼。

字谕纪泽儿：

尔外祖母于九月十八日寿辰，兹寄去银三拾两，家中配水礼送去。以后凡亲族中有红白喜事，我应送礼者，尔写信禀知。其丰俭多少大约之数，尔禀四叔及尔母酌量写来可也。此次寄丸药二瓶，一送叔祖，一寄尔母。服之相安否，尔下次禀知。

九月初七日，涤生示

字谕纪泽儿知悉　外祖母于九月十六

日寿辰兹寄去银参拾两　家中配水

礼送去以后凡亲族中有红白喜事我

家送礼者你写信寄字知其轻重随多少大

此次寄九药二瓶一送外祖一寄你母瓶之相应否所下次寄知

约之教乐笔罢尔及你母酌定等字寄来可也

九月初七日涤生示

谕纪泽　咸丰十年四月廿四日

简评：此处论作文写字，都要要珠圆玉润。曾氏自信对古人文章，用功甚深，因此历数唐代上至魏晋南北朝直至东汉西汉各位文章大家，认为他们的文章虽然有力趋险奥之处，但是细读则无一不圆。凡事圆则能通，圆则有成，这是见道之语，值得深思领会。

字谕纪泽儿：

十六日接尔初二日禀并赋二篇，近日大有长进，慰甚。　　无论古今何等文人，其下笔造句，总以"珠圆玉润"四字为主。无论古今何等书家，其落笔结体，亦以"珠圆玉润"四字为

字谕纪泽儿　十六日接尔初二日禀并

近日大功长进尾窟甚多论古

今何等文人其下笔造句总以珠圆

玉润四字为主尝论古今何等书家

甚多笔结体必以珠圆玉润四字为

主。故吾前示尔书，专以一"重"字救尔之短，一"圆"字望尔之成也。世人论文家之语圆而藻丽者，莫如徐（陵）、庾（信），而不知江（淹）、鲍（照）则更圆，进之沈（约）、任（昉）则亦圆，进之潘（岳）、陆（机）则亦圆。又进

主坟吾前示尔善书以重字极尔
之经一圆字黑尔之咸也世人论文
家之语圆而藻丽珍异莫如徐陵庾信
而不知江鲍（淹照）尤更圆进之沈（约任昉）
昌黎圆进之潘（岳陆机）昌黎圆又进

而溯之东汉之班（固）、张（衡）、崔（骃）、蔡（邕）则亦圆，又进而溯之西汉之贾（谊）、晁（错）、匡（衡）、刘（向）则亦圆。至于马迁、相如、子云三人，可谓力趋险奥，不求圆适矣，而细读之，亦未始不圆。至于昌黎，

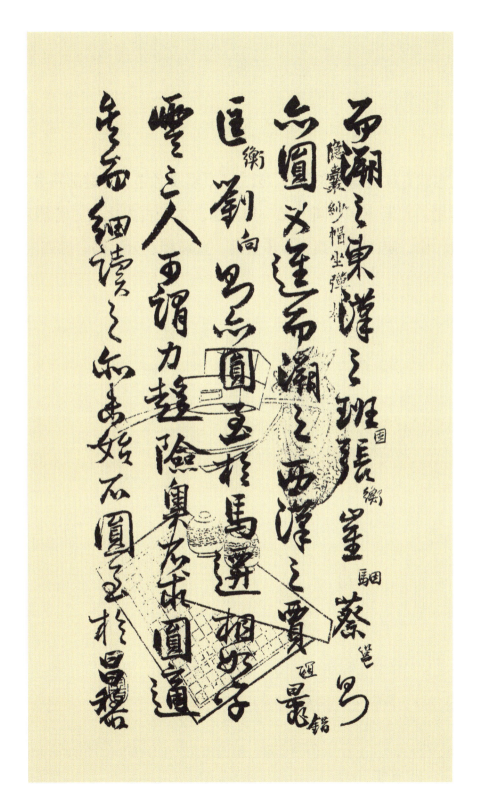

其志意直欲陵驾子长、卿、云三人，戛戛独造，力避圆熟矣。而久读之，实无一字不圆，无一句不圆。尔于古人之文，若能从江、鲍、徐、庚四人之圆，步步上溯，直窥卿、云、马、韩四

其志意直欲陵駕乎長源豐之

人真戛戛獨造迥避圓氎乎而究讀

之實其一字不圓莫白不圓如

於古人之文若繼溜江繼溪庫四人

之圓步之上溯直巔綿豐馬鱗四

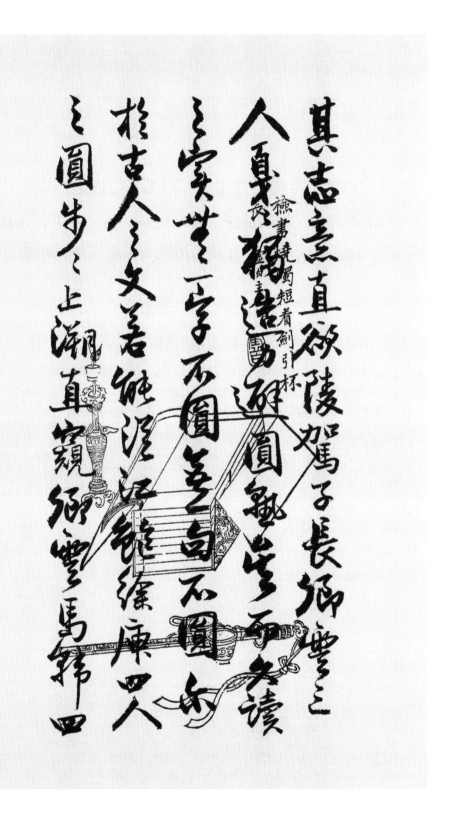

人之圆，则无不可读之古文矣，即无不可通之经史矣。尔其勉之！余于古人之文用功甚深，惜未能——达之腕下，每歉然不怡耳。　　江浙贼势大乱，江西不久亦当震动，两湖亦难

人之圆滑无诚读之古文尔所母

不可通之经史如其勉之余

於古人之文用功甚深惟专一之遵

之揽下每勤坐不怕平江浙诸

大乱江西亦无久尔书一觉勤两湖之难

安枕。余寸心坦坦荡荡，豪（毫）无疑怖，尔禀告尔母，尽可放心。人谁不死，只求临终心无愧悔耳。家中暂不必添起杂屋，总以安静不动为妙。　　寄回银五十两，为邓先生束修。四叔、

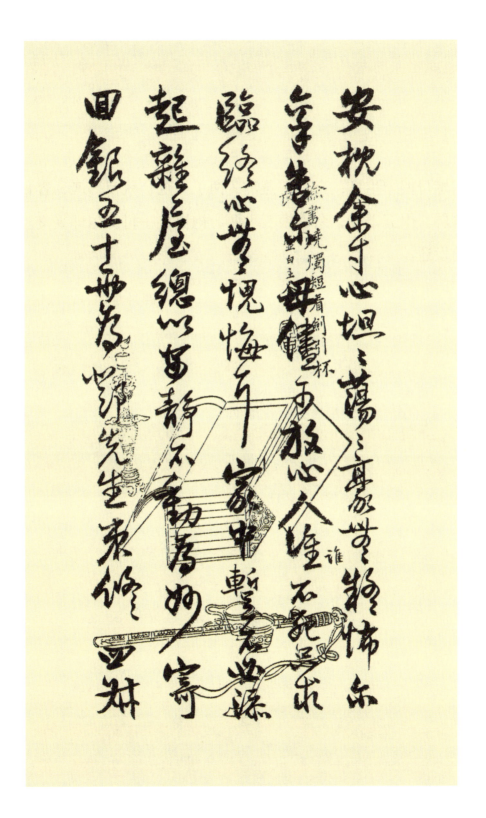

四婶母四十生日，余先寄燕窝（两）一匣、秋罗一匹，容日续寄寿屏。甲五婚礼，余寄银五十两，袍褂料一付，尔即妥交。赋二篇发还。

四月廿四日，涤生手示

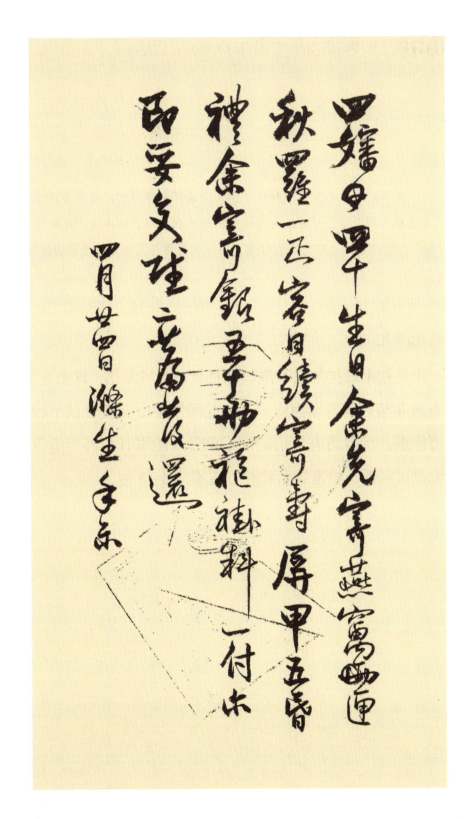

谕纪泽 同治元年十月十四日

简评：曾氏告知儿子钻研小学，必须探讨字形、训诂与音韵三个方面，并详细开列书目，可见他是儿子学问的启蒙老师。信中说"此贼竟无能平之理"，可见曾氏也有悲观的时候，不过他懂得尽人事而听天命的道理。

字谕纪泽儿：

十月初十日接尔信与澄叔九月廿日县城发信，具悉五宅平安，希庵病亦渐好，至以为慰。　　此间军事，金陵日就平稳，不久当可解围。沅叔另有二信，余不赘告。鲍军日内甚为危急，贼于湾沚渡过河西，梗塞霆营粮路。霆军当士卒大

字谕纪泽儿　十月初十日接尔信与

沅叔九月廿二日郡城发信皆生五宅

辛苦希庵病症渐好至以为慰此间

军事金陵已就年稳不久当可解

围沅卅另有一信余不赘告雉军

且丙甚为危急贼扑澄沁渡温河皆

梗塞运淀粮路军运粮当士卒无

病之后，布置散漫，众心颇怨，深以为虑。鲍若不支，则张凯章困于宁国郡城之内，亦极可危。如天之福宁国亦如金陵之转危为安，则大幸也。　　尔从事小学、《说文》，行之不倦，极慰极慰。小学凡三大宗：言字形者，以《说文》为宗，古书惟大、小徐二本，至本朝而段氏特开

病之後希眷较强衆心顿怨深以

為畫龍善不支則張凱章困於寧國

郡城之内点極一而免娶之福寧國向

如金陵之精怠為安則大举也尔洋

平些学說文行之不倦極屋之小学凡

三大宗言字形共以說文為宗古書唯

大小徐二本丕三本朝而段武州開

生面，而钱坫、王筠、桂馥之作亦可参观；言训诂者，以《尔雅》为宗，古书惟郭注、邢疏，至本朝而邵二云之《尔雅正义》、王怀祖之《广雅疏证》、郝兰皋之《尔雅义疏》，皆称不朽之作；言音韵者，以《唐韵》为宗，古书惟《广韵》《集韵》，至本朝而顾氏《音学五书》乃为不

生面西铁垫王箕钧桂馥王作之尚崇

觐言训诂皆以尔雅为宗古书惟郭

注邢疏直　本朝而邵二云之尔雅

正义敬王怀祖之广雅疏证郝兰皋

之尔雅义疏皆称不朽之作言书韵

此以唐韵为宗古书惟广韵集韵

至齐朝溯於氏音学五书乃为本

刊之典，而江（慎修）、戴（东原）、段（茂堂）、王（怀祖）、孔（巽轩）、江（晋三）诸作，亦可参观。尔欲于小学钻研古义，则三宗如顾、江、段、邵、郝、王六家之书，均不可不涉猎而探讨之。　　余近日心绪极乱，心血极亏，其慌忙无措之象，有似咸丰八年春在家之时，而忧灼过之。甚思尔兄弟来此一见，

利之典而江戴段王孔江诸作今

参观之非徒小学镌研古家则

三宗北皆江段邵郝王六家之善

均不可不涉猎而探讨之余近日

心绪极乱心血枯酣蘔弓其慌

忙无措之象有似咸丰八年在家之时而

夏灼迨之其里尤甚求此一见

不知尔何日可来营省视？仰观天时，默察人事，此贼竟无能平之理。但求全局不遽决裂，余能速死而不为万世所痛骂，则幸矣。此信送澄叔一阅，不另致。

涤生手示，十月十四日

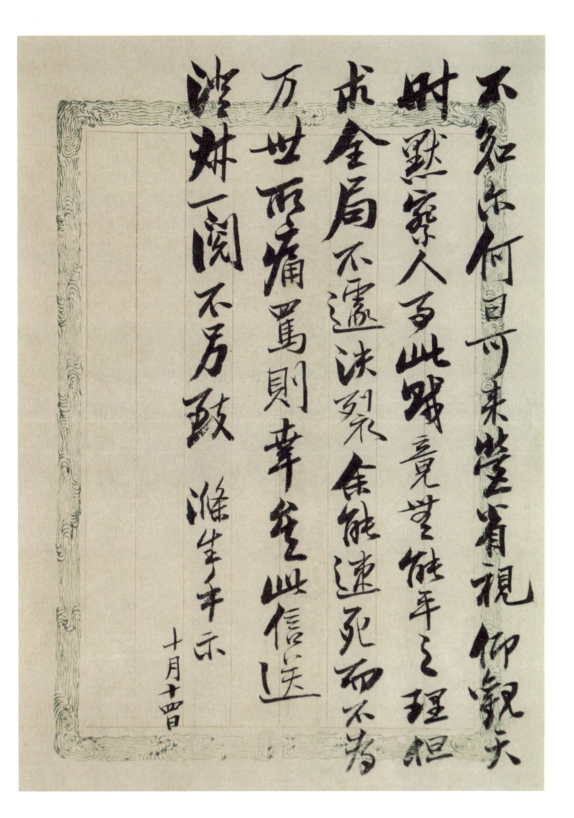

不知尔何日可来营省视仰观大

时默察人事此殘喜堂雖年之理想

成全局不遽決裂余能速死而不為

万世所痛駡則幸甚此信送

滌纬一閱不另致　　滌生手示

十月十四

谕纪泽 同治四年闰五月十九日

简评：记克服金陵后，湘勇闹饷哗变之事。要求家中妇女每天纺织。又以祖父星冈公为例，说明肉汤炖蔬菜味美无比，要求家里仿效。此时曾氏封侯赐爵，位极人臣，仍以这些小事教导儿子，值得深思。

字谕纪泽儿：

接尔十一、十五日两次安禀，具悉一切。尔母病已全愈，罗外孙亦好，慰慰。余到清江已十一日，因刘松山未到，皖南各军闹饷，故尔迟迟未发。雉河、蒙城等处，日内亦无警信。罗茂堂等今日开行，由陆路赴（清）临淮。余俟刘松山到后，拟于廿一日由水路赴

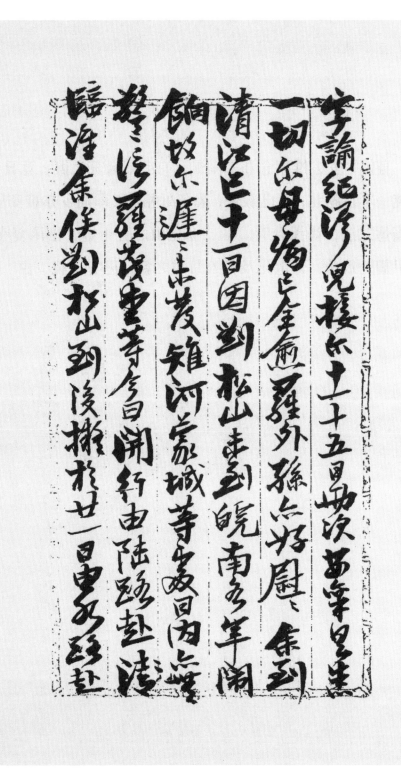

字谕纪泽儿　接尔二十五日及沅叔旦信

一切尔母病全愈罗外孙亦好胃集到

清江已十一日因刘松山由到皖南五羊开

饷故尔遅未至荩雄河嘉城等处暂四日内当

发后罗荩雪等今日开行由陆路赴清

临淮集侯刘松山到後搬於廿一日起程余程

临淮。身体平安，惟廑念湘勇闹饷，有弗戢自焚之惧，竟日忧灼。蒋之纯一军在湖北，业已叛变，恐各处相煽，即湘乡亦难安居。思所以痛惩之法，尚无善策。　　杨见山之五十金，已函复小岑，在于伊卿处致送。邵世兄及各处月送之款，已有一札，由

临淮身体平安，惟屡念湘勇闹饷有

声，戢自横之惧，竟日再变灼。弟之纯一年

在湖北善之叛变，愆多虑，相煽为湖乡之

颇苦居思形以痛，继之立法为廿世善棠

横见山三五十围后，立于伊哥

及送命荒及吾云寒月送，已有一孔由

伊卿长送矣。惟壬叔向按季送，偶未入单，刘伯山书局撤后，再代谋一安砚之所。该局何时可撤，尚无闻也。寓中绝不酬应，计每月用钱若干？儿妇诸女，果每日纺绩有常课否？下次禀复。　　吾近夜饭不用荤菜，以肉汤炖蔬菜一二种，令极烂如齑，味美

伊殁后长送各婢王册向捣季送侄来入单

刘伯山书局撤后再代谋一安砚之所该局

何时可撤步兰阁宫中绝不务应计每

月用钱若干儿妇纺绩每日纺绩有

幸谋否下次年凌吾近查饭不闻荤菜

酱汤炖蔬菜(二)种今趁烂如韲味美

无比，必可以资培养（菜不必贵，适口则足养人），试炖与尔母食之（星冈公好于日入时手摘鲜蔬，以供夜餐。吾当时侍食，实觉津津有味，今则加以肉汤，而味尚不逮于昔）。后辈则夜饭不荤，专食蔬而不用肉汤，亦养生之宜，且崇俭之道也。颜黄门（之推）《颜氏家训》作于乱离之世，张文端（英）《聪训斋语》作于承平之世，所以教家者极精。尔兄弟各觅一册，常常阅习，则日进矣。

涤生手草，闰五月十九，清江浦

芝此必可以资培养息试烧与尔母食之後蘩

菜不必贵　适口则足养人

则在饭不薄　另食蔬而木闹肉汤亦养生

星冈公好种日入时手摘鲜蔬以供客籝曹当拊侍

食宜觅律之有味令别加以肉汤以味尝不逮行苦

豆豉菹俭之邑也　颜黄门之推颜氏家

初泜於亮雒之世张之端　美聪利而博涉心

於承平之世两以蒁蓠女极精尔兄弗各觅

一册常之　阅看则日进矣　涤生手草

闰五月十九

清江浦

谕纪鸿　　同治二年八月初四日

简评：子女来营探望，本属情理之事。因群盗如毛，曾氏不免有所担心，又特别强调已嫁之女不应贪恋母家富贵，而应在家侍奉翁姑为上。

字谕纪鸿儿：

接尔澄叔七月十八日信并尔寄泽儿一缄，知尔奉母于八月十九日起程来皖，并三女与罗婿一同前来。　现在金陵未复，皖省南北两岸群盗如毛，尔母及四女等姑嫂来此，并非久住之局。大女理应在袁家侍姑尽孝，本不应同来安庆，因榆生在此，故吾未尝写信阻大女之

字谕纪鸿儿揽悉　淮卅七月十六由信并来书

泽儿于藏知尔禀母於八月亢日起程来皖并

三女与罗婿一同前来现在金陵来渡皖省南此

两此斥举盗如毛尔母及四女茝姑嫂来此并孙久侍之

局大女理应在素家侍姑尽孝年不应回来

蕙厦因稼生在此故专来尝寄信阻快

行。若三女与罗婿，则尤应在家事姑事母，尤可不必同来。余每见嫁女贪恋母家富贵而忘其翁姑者，其后必无好处。余家诸女当教之孝顺翁姑，敬事丈夫，慎无重母家而轻夫家，效浇俗小家之陋习也。三女夫妇若尚在县城省城一带，尽可令之仍回罗家奉母奉姑，不必

竹善三妾与罗婿则尤应车家马姑马母尤所

不必同来余每见嫁女贪恋母家富贵而忘

其翁姑共其後必无好结果余家诸女当教之

孝顺翁姑教子夫惟无重母家而轻夫家

敛涟俗小家之陋习也　三女支妇善事在郡城

省城一节　仅可念之仍回罗家事母事姑不必

来皖。若业已开行，势难中途折回，则可同来安庆一次，小住一月二月，余再派人送归。其陈婿与二女，计必在长沙相见，不可带之同来。俟此间军务大顺，余寄信去接可也。　　此间一切平安。纪泽与袁婿、王甥初二俱赴金陵。此信及奏稿一本，尔禀寄澄叔，交去人送去，余未另信告澄叔也。

涤生手示，八月初四

来皖省在业已阅邻势难中途折回则可同来
西厦一渡渡淮一月二月余再派人送归其陈墉与
吾计必左长沙相见不可第三同来修此闲军务
大顺余寄信去接可也此闲一切平安纪泽与袁墉
王锡祉二但赴金陵此信及寄稿一并交弟寄
沱甫交玄人送去余来另信告　沱甫中　滁生手示
八月初四

谕纪寿　　同治九年正月初八日

简评：曾纪寿，子岳松，为曾国藩四弟曾国华次子。此信要侄儿立志多读古书，立志做一好人，且对应读之书开列书目，对做人提出各种具体要求。淳淳开导，语重心长。此信是曾氏一篇教育子女读书做人的十分完备的宏文大论。

岳松三侄左右：

　　顷接来禀，字迹圆整，文气清畅，昔时四岁而孤，至是已有成立，深以为慰！　　侄念及三河旧事，奋然有报仇雪憾之意，志趣远大，尤可嘉尚。古来圣贤豪杰，皆有非常之志。人之有志，犹水之有源，木之有根，作室之有基，力田之有种。今粤逆、捻逆均已殄灭，中原次第荡平，侄年方幼学，宜立志多读古书，立志作一好人。　　读古书，先熟习"四书""五经"，然后次及于《周礼》《仪礼》《公》《谷》《尔雅》《孝经》《国语》《国策》《史记》《汉书》《庄子》《荀子》《说文》《文选》《通鉴》及李、杜、苏、黄之诗，韩、欧、曾、王

岳崧三姪左右頃接來禀字跡圓整文氣清
暢昔時四歲而孤至是已有成立深以為慰　姪念
及三河灘口之奮迅有報仇雪恥之意志趣遠大尤可嘉
尚古乗聖賢豪傑皆有非常之志人之有志猶水之有
源木之有根作室之有基力田之有種今粤逆猖逆均
已殲滅中原漸萬蕩平　姪年方弱學且立志多
讀古書立志作一好人讀古書先甄習四書五經然後
次及於周禮儀禮公穀尔雅孝經國語國策史記漢書
莊子荀子說文文選通鑑及李杜苏黃之詩韓歐曾王

之文，周、程、张、朱之义理，葛、陆、范、韩之经济，次第诵习。虽不能一旦全看，而立志不可不博观而广蓄。　　作好人，先从五伦讲起。君臣有义，父子有亲，夫妇有别，长幼有序，朋友有信。自幼小以至老耄，自乡党以至朝廷，处处求无愧于五伦，时时以实心行之。又须求有济于斯世。伊尹以一夫不获为己之辜，范文正做秀才，便以天下为己任，可以为法。切不可度量狭隘，专作一自了汉，与他人较量（锱）锱铢。又须习勤耐苦，处贫困而不忧，历患难而不惧。孟子所谓"苦其心志，劳其筋骨，饿其体

圣门程张朱之言义理盖陆范韩之经济欤弟诵习
经不能一旦全看而立志不可不惰亲两虚蕴作好人笑
迳五伦讲起君臣有义父子有亲夫妇有别长幼有序
朋友有信自务小至老耆自乡党以至朝廷莫不求
措诸于五伦时时以实行之又须求有诸于斯世伊
尹以一夫不获窃已三辜范文正做秀才便以天下为
已任可以为法切不可废量陋隘专作一目了汉与他
人较量轻铢又须习勤耐苦安贫困而不变历
艰难而不惧孟子所谓苦其心志劳其筋骨饿其体

肤，困乏其身"，正所以当大任。张子所谓"贫贱忧戚，正所以玉女于成"。自古无终身安乐而克成伟人，历尽多少艰苦不如意之事，乃可磨炼出大材来。又须从"敬""慎"二字上用功。敬者，内则专静纯一，外则整齐严肃，《论语》之九思如"视思明，听思聪"之类，《玉藻》之九容如"足容重，手容恭"之类。慎者，凡事不苟，尤以谨言为先。此四端者，一讲敦伦，一求济世，是终身之远大规模也；一习艰苦，一学敬慎，是随时之切实工夫也。侄此时虽不能将四者全行体验，而立志不可不广大而精微。果有志于读古书、作

霄困之其身 正所以當大任勞之所以動心忍性正所

以玉女形咸自古無終身安樂而克成偉人歷患多

少艱苦不如意之事乃可磨礪出大材走又須謹

二字上用功敬其内則專靜純一外則整齊嚴肅論語

之所思如視思聰思聽之類之藤之九容如立容德容

恭之類慎其凡事不苟尤以謹言為先此四端出一謹敬

倫一求諸世皇終身之遠大抵捫以一爨艱苦一字敬

慎皇隨時之切實工夫也娅此時聲不能狗四者全川

體驗而立志不可不廣大而精築果有志於讀書作

好人，必将来可为忠愍烈公克家之子，即可为朝廷有用之材矣。目下尤切者，事嫡母、生母曲尽孝道，能使两母皆洽欢心，一门毫无闲言，此即尽伦之效；于九思九容上着力，使门内有一种肃雍气象，此即敬慎之效。余事且可从容做去。至嘱至嘱！ 余今年六十，精力衰颓，目光甚蒙。内人自八月得病，至今半年未愈，署内殊无佳况。幸纪鸿于元旦日得举一子，小大平安，差以为慰。余详日记中。顺请叔母罗太夫人福安，侄之嫡母、生母近好。

涤生手草，正月初八

好人好事都未可为　忠愍烈公正气化为之子即可等　朝廷

有用之材矢目下尤切此事　嫡母　生母曲尽孝道能

使西母皆治欢心一门一气无间言此即尽伦之效于九思

九者上着力使门内有一种肃雍气象此即散惇之效余

事且可湛若做去至嘱、凑今年此十精力气颓月

光甚蒙内人自八月得病五六半年未回署内殊觉佳

况幸纪鸿于元旦日得举一子亦大平安皆以为慰余

详日记中顺讳

祖母罗太夫人福安　婶母　嫡母　生母近好　滌生手草

正月初八

致澄弟　　咸丰十年闰三月廿四日

简评：此信首先说台洲先茔之佳，墓地风水所谓堪舆之学，信者不少，曾氏也不例外。信末要求纪泽按三八课期作诗文一篇，以求文从字顺。

澄侯四弟左右：

十八日接初三日家信，知五宅清吉，老屋事亦渐就妥叶，至以为慰。作梅大赞台洲先茔之佳，游子闻之，实深欣抃。过路塘茔，作梅不甚许可，不知另寻得有地否？想此时已游南岳，不在吾乡矣。　此间各营于十九日自石牌拔营，二十一日至

澄侯四弟左右十八日接十二日家信知

五宅清吉老屋工皆渐就安叶五以屋

尉作梅大贵合沍荒莹々毕游之间之家

深惨拆遏踯塘莹作梅石基许可不彰夯

寻浔吕地否于此时已游南岳不至吾乡岳

此间之莹彩十九自石牌拔莹廿一日至之

高桥，距集贤关七里，距安庆廿二里，一切平安。惟湖北饷项甚绌，四五月极难张罗。袁星使甲三处则更绌，正、二、三月仅每月发银一两四（尔）耳。左季高、李次青均二三日内可至敝处。沅弟计亦已抵汉口，本月或可到营。　纪泽所作之文诗等，可按每次夫

高橋距集賢關七十里距安慶廿三里一切军

安堵游此銅項甚紉四月撻拜張羅書

星使甲三雲自友紉正二三月僅每月發

銀書二助四五千右季寓李泳書約二三日

由重玉数雲流亭計官抵灌三素月我可

到此紀澤所作之文詩等更按無須一去

役信回带营。无论或文或赋或论或诗等，总须按三八课期作一篇。不作则虚字中多有不通者，又不免常写白字。甲五须请先生讲鉴，俾之略晓古事。至要至要。　　余目光未愈，已是老油靴了，余尚平安。足慰。顺问近好。

兄国藩手草，闰三月廿四日

後信回帶營夢論或文或詩或
詩等總須按日八課期作一篇不作則空
字不多寫不通其文不必寄白字甲
五須诸先生讲鉴俾之晓喻至要
余目光未愈已是老油鞭之餘當手安至
慰順問　近好　兄國藩手草
闰三月廿四

致澄弟 咸丰十年十月初四日

简评：曾氏认为乱世房屋不可过于壮丽，要懂得盈虚消长之机。告诫其弟他坚决反对黄金堂买田起屋："弟若听我，我便感激尔；弟若不听我，我便恨尔。"语言极为严肃。

澄侯四弟左右：

八月二十四发去之信，至今未接复信，不知弟在县已回家否？余所改书院图已接到否？图系就九弟原稿改正，中间添一花园，以原图系点文章一个板板也。余所改规模太崇闳，当此大乱之世，兴造过于壮丽，殊非所宜，恐劫数未满，或有他虑，弟与邑中

澄侯四弟左右　八月廿四夜之信至今

未接霞仙信不知　弟在瑞已回家否余

所寄書院圖已接到否圖係就九弟原

稿政正中間添一花園以原圖係點定文

章一箇板之也　余所政規模太崇閎

當此大亂之世與造過於壯麗殊非所

宜恐刻教未滿或弓他重　弟與昌中

诸位贤绅熟商。去年沅弟起屋太大，余至今以为隐虑，此事又系沅弟与弟作主，不可不慎之于始。弟向来于盈虚消长之机颇知留心，此事亦当三思，至嘱至嘱。鲍、张廿六日进兵，廿九日获一胜仗，日内围札休宁城外。祁门老营安稳，余身体亦好，惟京城信息甚坏，皖南

沅位賢紳氣高志壯沅弟趙屋太夫

金今以為隱憂此事又係沅弟与

弟作主不可不慎之於始　弟向未於

盈虛消長之機察之思此事於夢三里

至囑囑能張甘苦進至芜日獲一勝仗

日内围扎休寧城外祁門老營安穩

余身體尚好惟京城信息基壞皖南

军务无起色，且愧且愤。家事有弟照料，余甚可放心，但恐黄金堂买田起屋，以重余之罪戾，则寸心大为不安，不特生前做人不安，即死后做鬼也是不安。特此预告贤弟，切莫玉成黄金堂买田起屋。弟若听我，我便感激尔；弟若不听我，我便恨尔。但令世界略得

年彩甚起色且娓且愤家事日市

照料余甚不放心但恐莫主尽买田起

屋以重余之罪戾则寸心大为不安不

特生前愧人不安而死后做鬼也昌不

特此驳告　贤弟切勿至咸莫主

壹买田起屋　弟若听我便甚激尔

弟若不从我便恨尔但令世界略得

太平、大局略有挽回，我家断不怕没饭吃。若大局难挽，劫数难逃，则田产愈多指摘愈众，银钱愈多抢劫愈甚，亦何益之有哉？嗣后黄金堂如添置田产，余即以公牍捐于湘乡宾兴堂，望贤弟千万无陷我于恶。顺问近好。

兄国藩手草，十月初四日

太平大局眼吾兄挽迴我家断不怕後

飯吃若大局難挽刻數難進則田

臺愈多揹搞愈眾鹺錢愈多搶刻

愈甚此何益之吾我嗣後黃金堂

添置田產余即以云懷捐於湘鄉實

與堂　賢弟千萬莫陷我於惡

順聞

近好　兄國藩手草

　　　十月初四日

致澄弟　咸丰十一年五月十四日

简评：曾氏自然是个儒者，当然知道孔子批评樊迟学种田种菜之事，但仍坚持在省城雇工种菜，其意大概是要保持生机。又说省城人早晨起得晚，但也随东家的情况，这就是转移之道。

澄弟左右：

接两次家书，具悉五宅平安，并弟将有做一届公公之喜，欣慰无已。　省城雇一种菜之工，此极小之事，弟便说出许多道理来，砌一个大拦头坝。向使余在外寄数万金银，娶几个美妾，起几栋大屋，弟必进京至提督

澄弟左右　接两次家書俱悉　五宅平要

并　弟将另做一屋似太工喜欲尉豈至省

城雇一種菜之瑞極辦事　弟便說

出許多道理来辨碅不　大擱頭壩回

使余在外寄數万金銀要幾千萬

妾起蓋棟大屋　弟必進意進揭難

府告状矣。省城之人虽多睡早觉者，然亦视乎东家以为转移。余身边所用之人，住省者居其十之七。往年余以卯正起，身边人亦卯正起；近年余以卯初或寅正起，身边人亦卯初寅正起。

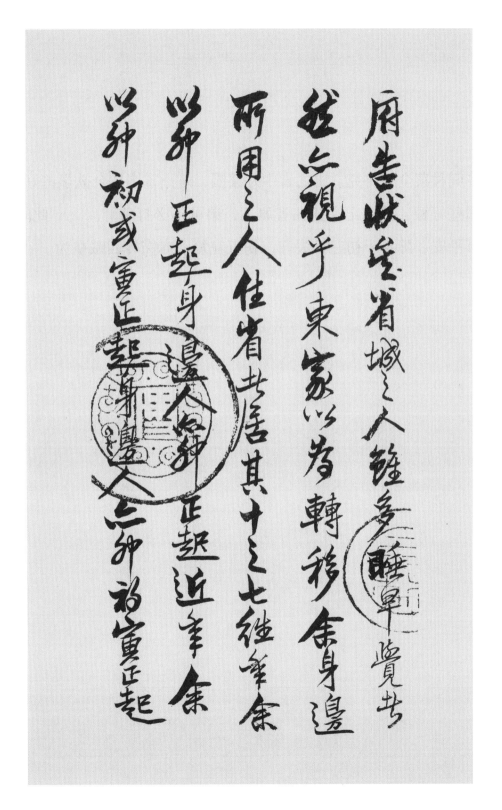

乡间种菜全无讲究。比之省中好菜园，何止霄壤！余欲学些好样，添些好种，故令纪泽托在省雇工，弟可不必打破耳。　　　此间军事平安。黟县于初三日失守，初五克复。赤岗岭四贼垒为

乡间种菜全业讲究此之省中好菜

园何止霄壤舍弟欲学此好样添此好

种故令纪泽托在省雇工弟可不

必打破耳此间军事平安鲍军和春霆

三日先后拔五克渡赤冈岭四垒霆考

鲍、成两军攻破，诛斩净尽，生擒首逆。安庆之克，似已有望。惟湖北兴国、崇、通失守，湖南不免震动。余遍身疮癣，奇痒异常，略似丙午年在京，余无所苦。顺问近好。

国藩手草，五月十四日

饒城毫軍政破誅斬淨盡生擒首逆

安慶之克似已有望惟瀝此與國崇通

寧守湖南不免震動余偏身瘡癬

皇畢畧似丙午年全身皆癬

明菩順問近好　國藩手草

五月十四日

致沅弟 　　咸丰十年四月廿日

简评：因湘军中有焚烧劫抢之事发生，曾氏告诫其弟应常怀爱民之意，大乱之世宜积德而勿造孽。咸丰八年曾氏在江西建昌营中亲自编写了《爱民歌》，其意在勿扰民。《三大纪律八项注意》以此为蓝本。

沅弟左右：

廿四早接廿二酉刻之信，闳论伟议，足以自豪，然中有必须发回核减者，意城（诚）若在此，亦必批云："该道惯造谣言也。" 苏州阊门外民房十余里，繁华甲于天下，此时乃系金陵大营之逃兵溃勇先行焚烧劫抢而贼乃后至。兵犹火也，弗戢自焚，古人洵不余欺。

沅弟左右　廿四早接廿二亥刻之信阁论佛

谦退以自责亦好甚中必须痛回核减书意城署

立此亦不必批去谕谕惯造逸言阳　苏州闾门

外民房十余里繁华甲於天下此毋乃作孽至

陵方兴之逸至淮勇先以焚烧劫抢而後

乃後之去兵稍大也弟戒自焚吉人洵不余欺

弟在军中，望常以爱民诚恳之意、理学迂阔之语时时与弁兵说及，庶胜则可以立功，败亦不至造孽。当此大乱之世，（最）吾辈立身行间，最易造孽，亦最易积德。吾自三年初招勇时，即以爱民为（一）第一义。历年以来，纵未必行得到，而寸心总不敢忘爱民两个字，

弟立军中总常以爱民诚恳之意理谕军遍

阁之湣时之为弟言说及廉脆为两体功败

兄当造蕲字荣此天顾之此蒙　　军之身

勤问家易造　蕲字永荣易积德　吾自目下垂首初

拾之用何以爱民为第一家历　军以未继

总要以湣刻而寸心总不脱忘爱民两个字

尤悔颇寡。　　家事承沅弟料理，绰有余裕，此时若死，除文章未成之外，实已豪（毫）发无憾，但怕畀以大任，一筹莫展耳。沅弟为我熟思之。吉左营及马队不发往矣。王中丞信抄去，可抄寄希、多一阅。

　　　　　　　　　　兄国藩顿首手草，四月廿二申刻

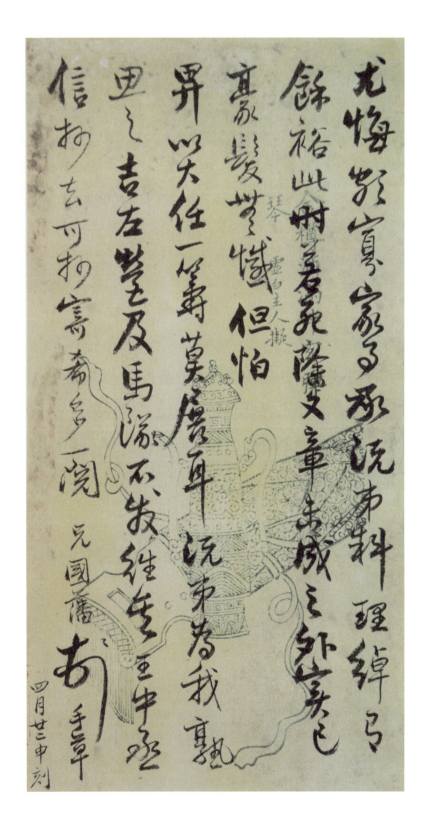

无悔於事家中那沅事料理纬吕

馀裕此附吾兄龙隆又章未成之郊芽已

言须差悦但怕

罪以欠任一笔莫虑年沅弟为我真熟

甲之吉左莹及马滴不发继至中呢

信抄去可抄寄舍多一阅　兄国藩手草

四月廿三中刻

致沅弟　同治二年正月廿日

简评：肝火勃发，怒不可遏，是人的壮年甚至老年常有之事。曾氏从儒家与释家的处理办法，向其弟阐述降龙伏虎、惩忿窒欲之道，目的在于平和肝气，节制血气，但仍需永保倔强之志。这则身心修养之道具有普遍适用性。

沅弟左右：

十九日接弟十四日缄，交林哨官带回者，具悉一切。肝气发时，不惟不和平，并不恐惧，确有此境。不特弟之盛年为然，即余渐衰老，亦常有勃不可遏之候。但强自禁制，降伏此心，释氏所谓降龙伏虎。龙即相火

沅弟左右　十九日接　弟十四日緘文林

嵋官皆　四日到　走一切肝氣著朮木

惟不和平　亦不惍惕　確乎山境不拔

弟之盛氣　為並即余漸衰老三節

有動不可過之候但強自禁制以降伏

此輩氏兩相降龍伏虎龍即相火

也，虎即肝气也。多少英雄豪杰打此两关不过，亦不仅余与弟为然。要在稍稍遏抑，不令过炽。降龙以养水，伏虎以养火。古圣所谓窒欲，即降龙也；所谓惩忿，即伏虎也。儒释之道不同，而其节制血气，（即）未尝不同，总

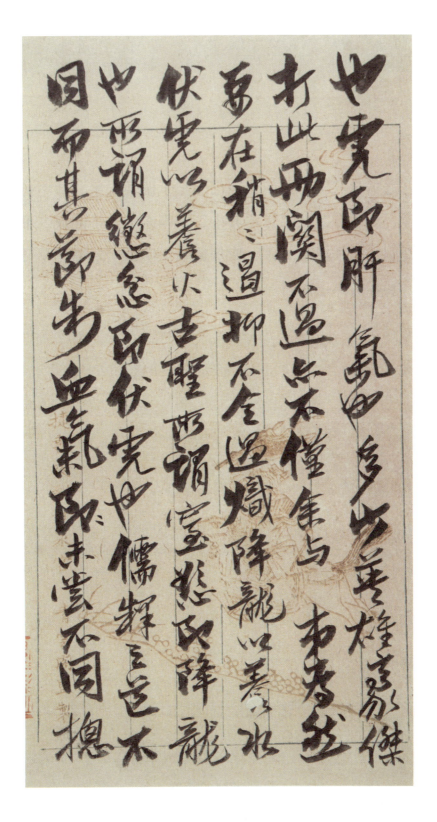

不使吾之嗜欲戕害吾之躯命而已。至于倔强二字，却不可少。功业文章，皆须有此二字贯注其中，否则柔靡，不能成一事。孟子所谓至刚，孔子所谓贞固，皆从倔强二字做出。吾兄弟皆禀母德居多，其好处亦正在倔

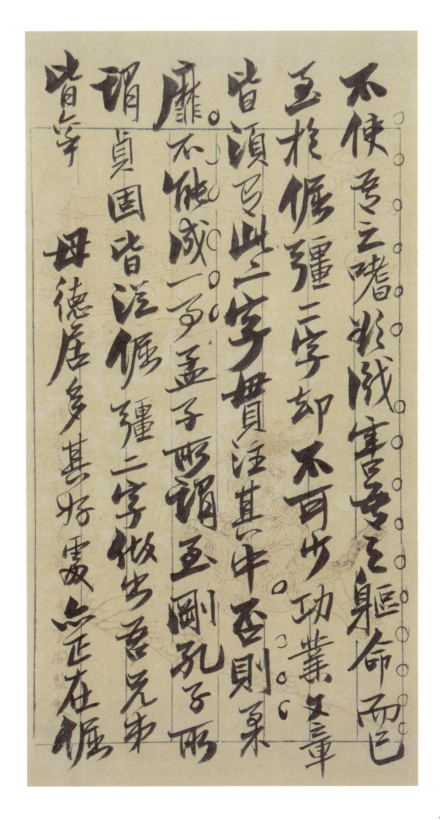

不使吾之临战陈害吾躯命而已

至於僵疆二字却不可少功業文章

皆須寫此二字無貫注其中否則衰

靡不能成一事孟子所謂至刚孔子所

謂貞固皆注僵疆二字做出吾兄弟

皆守　母德居多其好處正在僵疆

强。若能去忿欲以养体，存倔强以励志，则日进无疆矣。新编五营，想已成军。郴桂勇究竟何如？殊深悬系。吾牙疼渐愈，可以告慰。刘馨室一信抄阅。顺问近好。

兄国藩手草，正月廿日

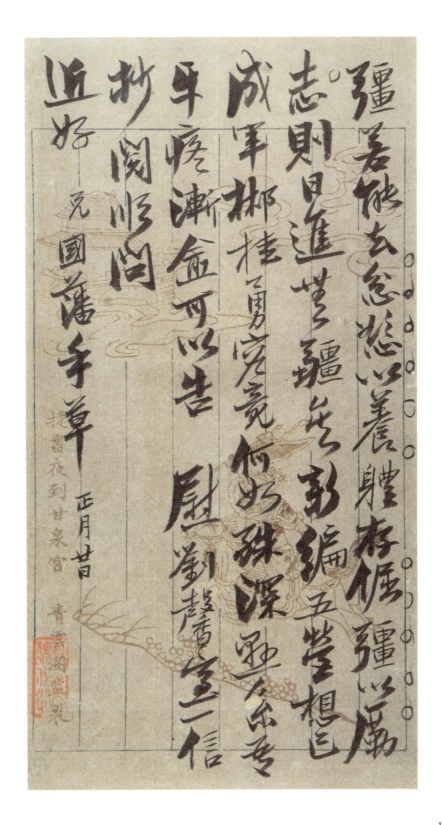

疆善佩玄念悲以善體存偏疆以屬

志則見進邾疆兵彭編五瑩想已

成軍郴桂可勇亮竟何好殊深迎兼音

平疾漸愈金可以告 慰劉轡香至二信

抄閱順問

近好
　　兄國藩手草 正月廿

捷書夜到甘泉宮 青

致沅弟　同治二年三月廿四日

简评：曾氏此信表扬其弟襟怀长进之处，在于领会到恬淡冲融之趣。再广为演述，列举历代圣贤豪杰、文人才士，认为都具有豁达冲融气象。劝其弟勤劳而以恬淡出之，作"劳谦君子"。

沅弟左右：

廿三日张成旺归，接十八日来缄，旋又接十九日专人一缄。具悉一切。弟读邵子诗，领得恬淡冲融之趣，此自襟怀长进处。自古圣贤豪杰、文人才士，其志事不同，而其豁达光明之胸，大略相同。以诗言之，必先有豁达光明之识，而后有恬淡冲融之趣。如李白、韩退之、杜牧之则豁达处多，陶渊明、孟浩然、

沅弟左右廿三日張成旺歸接十八日來緘旋又接廿九

日寄人一緘昌歧一切　弟讀邵子诗領得恬淡沖

融之趣此自襟懷長進處自古聖賢豪傑文人

士其志多不同而其豁達光明之胸大略相同以诗言

之必先有豁達光明之識而後有恬淡沖融之趣如

李白韓退之杜牧之則豁達流多陶淵明孟浩然

白香山则冲淡处多。杜、苏二公无美不备，而杜之五律最冲淡，苏之七古最豁达，邵尧夫虽非诗之正宗，而豁达、冲淡二者兼全。吾好读《庄子》，以其豁达足益人胸襟也。去年所讲"生而美者，若知之，若不知之。若闻之，若不闻之"一段，最为豁达。推之即舜禹之有天下而不与，亦同此襟怀也。吾辈现办军务，

白香山則沖淡處多杜蘇二公殆專美不備而杜之

五律最沖淡蘇之七古最諧達諧達即光夫雖非詩

之正宗而諧達沖淡二者美全吾好讀莊子以其

諧達至益人胸襟也去年所講生而美共美不知之

若不知之若聞之若不聞之一段最爲諧達推之即舜

禹之有天下而不与焉同此襟懷也吾輩現蒙軍務

系处功利场中，宜刻刻勤劳，如农之力稼，如贾之趣利，如篙工之上滩，早作夜思，以求有济。而治事之外，此中却须有一段豁达冲融气象。二者并进，则勤劳而以恬淡出之，最有意味。余所以令刻"劳谦君子"印章与弟者，此也。 无为之贼十九日围扑庐江后，未得信息。捻匪于十八日陷宿松后，闻廿一日至青草塥。庐江吴长庆、桐

係霎功利場中立刻之勤勞如農者之力穡如賈之

趣利如篙工之上灘早作柜悟求名滔而治事之外

此中卻須有一段豁達沖融氣象二者並進則勤勞

而以恬淡出之最有意味余所以令劼勞諭君子印章与

市共此也無為之戰十九口圍樸廬江後未得信息捻

匪於十八日陷宿松後閏廿一日亥李草塌廬江吳長慶桐

城周厚斋均无信来，想正在危急之际。成武臣亦无信来。春霆廿日尚在（申）泥汉，顷批令速援庐江。祁门亦无信来，不知若何危险。少荃已克复太仓州，若再克昆山，则苏州可图矣。吾但能保沿江最要之城隘，则大局必日振也。顺问近好。

国藩手草，三月廿四日

城周厚高均甚信来想正在危急之際城主屋必多

信来专逞廿一日尚在申涩汉须批委速援崖江祁门

必多信来不妥若何免險少堡巳克復太倉狗若再克

崑山則蘇狗可圖吾但能保沿江窝垒之城隘則

大局必日搰也此同

近好

　　國藩手草　三月曾

致沅弟　同治二年十二月廿一日

简评：此信专论大炮的长处与短处。曾氏批评其弟曾国荃和湘军官兵徒慕大炮之名，做出许多外行举动。按理，在一线战斗中摸爬滚打多年的曾国荃和湘军官兵，对于具体武器的运用应该比最高统帅要清楚，而实际情况则是曾国藩的见识远远高于他们，不得不令人深思和佩服。

沅弟左右：

二十日接十六日来信并抄寄筠两帅来信，具悉一切。大炮守垒，只可偶一用之，多用则实可不必。吾在水营多年，深知大炮之长短。凡炮火之利有二：曰及远，曰命中。大炮之大子，可以及远，而难以命中，谓其愈远则行愈迟慢，且有声可以回避，又往往自上落下，不能横穿也。其群子，可以命中，而难以及远。包得合膛，筑得极紧，可及二三箭之远，否则

沅弟左右二十日接去日　来信并抄審筠

帥來信昌歧一切大砲守疊兵可倍一用之

多用則實可不必專在水疊多年深知大

砲之長短凡炮火之利有二曰遠曰命中大

砲之大子可以及遠而難以命中謂其愈遠則

紆愈遲遲且百聲可以迴避又徙之自上落下不

能橫軍也其舉子可以命中而難以及遠

邑得金腥榮得極緊可及二三箭之遠否則

143

仅及一箭而已。群子所能及之处，先锋包亦几能及之。军兴日久，各弁勇事事外行，徒慕大炮之名。见贼在二三里外，纷纷开大炮大子击之，喜其响之震、烟之浓而已；见贼不畏炮而排进如故，则以为凶悍无匹，而不知大子实不伤人也。吾在水营时，教将弁专用群子包得圆、筑得紧、开得近三语者，内湖各营罕能做到，外江间有做到者，便是无敌之将。

僅及一二箭而已尋及之實覺免鐸邑

必須及之軍與日久各弁勇亦外行結

慕大砲之名見賊在二三里外紛開大砲大子

擊之喜其響之震煙之濃而已見賊不畏

砲而排進如故則以勇凶悍每區而不怕大子實

不傷人也吾在水營時戈敦將弁步用舉子筐

滑圓□栾滑蟹開滑近三酵共內湖各營營軍

能做到外江間有做到共便是無敵之師

145

陆营善用大炮者，吾尚无所闻。弟营善用大炮者共若干人？然大约不满三百人，而营中之炮，却不止三百尊。弟去年请黄南翁解炮四尊，今年请丁道（解）铸炮数尊，皆外行之举动也。余恐火药接济不上（止），故于地洞、大炮二事详悉言之。火药腊月已解八万，正月不过三四万耳。饷银今日起解六万，竟不能践十万之约，亦因弟处腊月有沪上之三万、运司之

陸營善用大砲共专令無二閱本營

善用大砲共若干人並大約不滿三百人而

營中之砲却不止三百之多　弟玄年请黄南坰

解砲四尊今年请丁道解砲数尊皆外行之

辈動也余恐火药接济不止故於地洞大砲

二事详思言之尖药腊月已解八万正月不

過三四万耳饷银今日起解六万竟不能钱十

万之约因本麇腊月已滙上三万運司之

147

七万八千、无为之二万，而此间亦已先解九万，在近日已有贫儿骤富之象矣。余近于饷（钱）银粮药等物，稍缺则有决裂之患，稍足又惧满盈之灾。义渠并无实缺，所带之勇殊难交卸。李世忠事，余有复奏密疏，抄寄弟阅。南翁尚未到此，颇不可解。程学启将到常州，余函商少荃，令程来共图金陵。顺问近好。

　　　　　　　　　　　　　　　国藩手草，十二月二十一日

七万斤 多者之二弟 而此间已先解九万斤立

近日又有贫儿骤富之象 吴康近极饱饫粮铷

药饵物稍缺 则吕快烈之事稍豆又懂满盈之

实家渠开多实缺 而弟之勇殊难复御李

世惠可无有庆美密疏抄寄 本阁南翁

多来到此 类不可解 程学启将到亭 欲募

通商以拳韦 程来共围金陵 顺问

近好

国藩 手草

十二月二十一日 有容堂制

致沅弟　　同治六年五月十二日

　　简评：因鄂苏大旱不雨，曾氏引咎为其兄弟德薄位高。记裁撤鲍超（春霆）营事。认为大局日坏，不如引退。谈官（文）入觐实情在于为旗人稍留脸面。

沅弟左右：

　　接五月初二、六日两函，知贼实已出境，为之少慰。亢旱不雨，鄂、苏所同。禾稻不能栽插，饥民立变流寇，亦鄂、苏所同也。惟盐河无水，盐不能出场入江；运河无水，贼可以渡运窜东，此则苏患较大于鄂。岂吾兄弟德薄位高，上干天和，累及斯民，而李氏兄弟亦适罹此难耶？中夜内省，忧惶无措。　　湖北饷绌若此，朱芳浦之军自可缓招。昨已用公牍咨

沅弟左右接五月初二日两信知贼实已出境矣之

少尉元旱不雨鄂苏两同未稻不及栽插饥民主

欹流寇六邻苏两同也惟盐河业已不及出场

入江运河业已贼可以渡运寇东此则苏连敲太松

鄂堂号无市德落住高上平天和累及斯民而李

氏兄弟无一遁释民难即中枢内省夏变皇业措湖

此饷继若氏朱芽浦之军自西绥招昨巳用公赎溶

复，由弟与筱泉会咨韫帅檄停矣。拟再由兄咨韫公停之（兹将韫与芳浦二件附此信交轮舟带鄂，请弟速寄湖南）。弟廿二、五日两函亦于日内始到。春霆既无治军之望，其军宜全行遣撤。前已函商弟处，今日又函商少泉矣。六月告病，七月开缺，弟意既定，余亦不便阻止。盖一则大局日坏，气机不如辛、壬、癸、甲等年之顺，与其在任而日日如坐针毡，不如引退而寸心少受煎逼。一则鄂抚署内风

沅甫九弟左右：顷接再由元
蕴公信差递到手
沅弟与筱泉信各一（蕴差与芳浦二件附由此信交轮舟带郡转）

蕴帅撤去
沅弟廿二五日两函皆于廿六日内始到，畫堂

既甚治军之望其军宜交门遣撤否已困商

而鼎今日又面商少泉，至六月告病七月开缺

乃意既定，决不便阻止。盖一则大局日坏，气象不

如平日。笑甲等年之顺与其在任而日之如生钉

鼙不如引退而日之如生钉。受煎逼一则鄂抚署内风

水欠利。余自初闻弟授鄂抚之信，即已虑之，离开亦未始非福。惟余辞江督、筠仙辞淮运司均不能如愿，恐弟事亦难必允准。至于官相入觐，第一日未蒙召见，圣眷亦殊平平。弟谓其受恩弥重，系阅历太少之故。大抵中外人心，皆以弟之弹章多系实情，而圣意必留此公，为旗人稍存体面，亦中外人所共亮也。余详日记。顺问近好。

国藩手草，五月十二

水火利兵自須閱　市授鄂撫之後即已憲之釭

開心未始非福惟弟勞苦江楚餉錔仙等淮運司均不然

如願㕙　市可以難必先進玉於官相入　覲第一

日未蒙　免覲聖春六孫平之　市謂甚愛

恩彌厚係閱歷未少之坂大氏中外人心皆㕙市

主彈章多係實情而　聖意必㕙公肯旗人稍存體

面忘中外人兩共亮也餘詳日記順問　近好

　　　　　　　　　　　　國藩手草

五月十二

致沅弟和子侄　　咸丰十一年八月十八日

简评：曾氏认为富贵之家子弟骄奢流于不自觉，因此戒傲慢之容，珍惜财物，才是家运长久之道。

位不期骄，禄不期侈。凡贵家之子弟，其矜骄流于不自觉；凡富家之子弟，其奢侈流于不自觉，势为之也。欲求家运绵长，子弟无傲慢之容，房室无暴殄之物，则庶几矣。

右书诒沅弟并示家中子侄
咸丰十一年八月十八日二更国藩识于安庆舟次

位不期驕祿不期侈凡貴家之子弟其矜驕流於不自覺凡富家之子弟其奢侈流於不自覺勢為之也欲求家運綿長子弟無傲慢之容房室無暴殄之物則庶幾矣

右書詒沅弟并示家中子姪

咸豐十一年八月十八日二更國藩識於安慶府次

致澄弟季弟　　咸丰八年七月廿日

简评：此信记日常之事，如下属送行、兄弟生病等，内中特别嘱咐家中种蔬、种竹、养鱼、养猪，认为此四事可以预测家庭的兴衰气象。在身居高位、戎马倥偬之时，曾氏在家书中多次提到种菜养猪之事，很是耐人寻味。

澄、季两弟左右：

兄于十二日到（八月初三到）湖口，曾发一信，不知何时可到？胡蔚之奉江西耆中丞之命接我晋省，一行于十七日至湖口。余因于二十日自湖口开船入省，北风甚大，二十一日可抵章门也。杨厚庵送至南康，彭雪琴径送至省。诸君

澄雨弟左右　兄於十二日到湖口曾营一（八月初三到）

信不知何時可到　胡扇之李江西者

中丞之命　接我晋省一川於十七日

至湖口余因於二十日自湖口開船入君此

鳳甚大二十一日可抵章門也　楊厚

廣送至南康　盡雪琴徑送至安詩君

子用情之厚，罕有伦比。浙中之贼，闻已全省肃清。余到江与耆中丞商定，大约由河口入闽。　　家中种蔬一事，千万不可怠忽。屋门首塘养鱼，亦有一种生机。养猪亦内政之要者。下首台上新竹，过伏天后有枯者否？此四事者，可以觇人家兴

子用情之厚罕有倫比澎中之賊閩已
全肅甫清金到江与者中丞商定大約
由河口入閩家中種蔬一千萬不可
忽恶屋門首塘養鱼必有一種生機養
猪亦内政之要者下首台上新竹過伏天
後有枯者否此四者可以覘人家興

衰气象，望时时与朱见四兄熟商。见四在我家，每年可送束脩钱十六千。余在家时，曾面许以如延师课读之例，但未言明数目耳。季弟生意颇好，然此后不宜再做，不宜多做，仍以看书为上。余在湖口病卧三日，近已全愈，尚微咳嗽。

襄等气象坠地之与朱见四兄熟商见四
在我家每季可送束脩钱十六千　余在
家时曾面许以如延师课读之例但来言
明教目耳　　季市生意若好处此後
不宜再做不宜多做仍以看书为上　余
在湖口病卧三日近已全愈岁澜咳嗽

癣疾久未愈，心血亦亏甚，颇焦急也。久不接九弟之信，极为悬系。见其初九日与雪琴一信，言病后元气未复，想此已全痊矣。甲五近来目疾何如？千万好为静养。在湖口得见魏荫庭，近况尚好。余详日记中。顺问近好。

兄国藩手草，七月廿日，江西省河五号

辞受久来愈心血忘罢甚羡集意田

久不接九弟之信极为系念见其初九日与

雪琴一信言病後元气未復想此已全瘥矣

甲五近来目疾何如千万好为静养在

湖口得见魏荫亭近况尚好馀详日记中顺问

近好

元国藩手草

七月廿日江坳营间
五号

165

致澄弟沅弟季弟　　咸丰八年十二月初三日

简评：此信记三河之役其弟曾国华战死而尸骨无存之事，曾氏自感有愧，拟写文章请其弟曾国荃书写后刻石，以表纪念。信末记江西军事情况。

澄侯、沅甫、季洪三弟左右：

初一日接澄弟信，知玉四等于初十日到家，尚未接六弟确耗也。沅弟初九日在长沙所发之信，二十五日接到。甚慰！此次江行

澄矣沅甫季洪三甫居初

一日接澄甫信知至罣等於初

十日到家蒙未接沅甫程耗

沅甫初九日在長沙所蒦之

信廿五日接到甚慰嶺渡江

之速，为从来所未有。在汉口所发之信，至今尚未接到。沅弟抵家后，不得温甫实信，不知何如忧伤！吾派人至江北，至今未归。沅弟所派六人至三河、桐城访查者，想亦无真实下落也。已

一连接沅弟来两禀有在滦口所发之信至今尚未接到沅市抚署之信至今尚未接到家后不得温甫实信不知何时夏伤吾派八至江此至今未好沅弟所派六人至三河桐城坊究考想必有其实下落也已

矣，尚何言哉！吾去年在家以小事争竞，所言皆锱铢细故。洎今思之，不值一笑。负我温弟，即愧对我祖我父，悔恨何极！当竭力作文数首，以赎余愆，求沅弟写石刻碑。沅

美夢何言我亦豈无玄亭在家以
少多争競兩言皆錙銖細故
泊今思之不值一嘆負我溫甫
即娰對我　祖我　父悔恨
何極當竭所作父數百以贖
余咎言求沅而寫石刻碑　沅

弟字有秀骨，宜日日临帖作大楷。凡余文概请沅弟写之，组田刻之，亦足少摅我心中抑郁愧悔之怀。余近日体尚平安，惟下身癣尚如故，抓烂作

南字有劲骨宜日日临帖作
大楷凡余文概诸沅南家之纽
回剥之岂少抚我心中抑郁
悔悔之怀余近日体多平每
惟下身癣事如故孤焗作

痛。 张凯章于初二日拔营赴景德镇，吴翔冈初四日起行。吾于新正亦当移营进扎鄱阳、彭泽等处，与水师相联络，即可为江北之声援。萧军现赴南赣，贼踪已远，大

痛張凱章於初二日拔營赴
景德鎮吴翔岡初四日起川
吾於初五正當移營進扎鄱
陽彭澤等處與水師相聯
絡即呵為江岸之聲援蕭
軍現赴南巔賊蹤已遠大

约回广东矣。如江闽一律肃清，明岁并带萧军至九江两岸也。付回银一百两，寄送亲戚，本家另开一单，不知当否？顺问近好。

兄国藩手草，十二月初三第十九号

约回广东关妇江西一律甬
清明岁莫弟萧军至九江
西岸也付回银一百两寄送
亲戚本家另开一单不知当
否顺问近好 兄国藩手草
十二月初三第十九号

致澄弟温弟沅弟季弟　　咸丰元年四月初三日

简评：曾氏在京时写此信，建议家中带头行社仓之法，以救济灾荒年贫困之人。指出此法源自朱子之制，其后名存实亡，慨叹事经官吏，则良法美政，后皆归于子虚乌有。曾氏确信，认真行社仓之法，必将使贫民大占便宜，受惠无量。末记太平天国起义爆发，塞尚阿督师赴广西，排场极大，而前方将帅又不和，曾氏暂时只能坐观天下之变而已。

澄侯、温甫、子植、季洪四位老弟左右：

三月初四日，此间发第三号家信交折弁，十二日发第四号信交魏亚农，又寄眼药鹅毛筒及硇砂膏药共一包，计可于五月收到。季洪三月初六所发第三号信，于四月初一日收到。　　邓升六爷竟尔仙逝，可胜伤悼！如有可助恤之处，诸弟时时留心。此不特戚谊，亦父大人多年好友也。　　乡里凶年赈助之说，予曾与澄弟言之。若逢荒歉之年，为我办二十石谷，专周济本境数庙贫乏之人。自澄弟出京之后，予又思得一法，如朱子社仓之制，若能仿而行之，则更为可久。

澄侯温甫子植季洪四位老弟左右三月初四日此间发第三号家信

交折弁十二日发第四号信交魏荫农处眼药鹅毛管及硼砂膏

药荒毛什可於五月收到季洪三月初六两发第三号信于四月初一日

收到　郑升六爷亲乎仙逝　可胜伤悼　如有可邮之处诸弟时

时留心此不特嘱讬亦

父大人多年好友也　乡里凶年赈恤之说　予尝与澄弟言之　善逢

荒歉之年　为我此邦二十石谷事周济本境　数扇贫负言之人　自澄弟出

京之后　予又思厚一法　如朱子社仓之制　若能做而行之　则更为可久

朱子之制，先捐谷数十石或数百石，贮一公仓内，青黄不接之月借贷与饥民，冬月取息二分收还（每石加二斗）；若遇小歉则蠲其息之半（每石加一斗）；大凶年则全蠲之（借一石还一石），但取耗谷三升而已。朱子此法行之福建，其后天下法之，后世效之，今各县所谓社仓谷者是也，其实名存实亡。每遇凶年，小民曾不得借贷颗粒，且并社仓而无之。仅有常平仓谷，前后任尚算交代，小民亦不得过而问焉。盖事经官吏，则良法美政，后皆归于子虚乌有。国藩今欲取社仓之法而私行之我境。我家先捐谷二十石，附近各富家亦劝其量为捐谷。于夏月借与

朱子之制。先捐穀數十石或數百石。貯一公廩內。青黃不接之月借

貸與飢民。叁月兩息二分收還。每石加二斗　若遇小歉則息止半。每石加一斗

大歉之年則全蠲之。借一石但兩耗叁升而已。朱子此法行之福建甚

後天下法之後世效之。今各縣所謂社倉穀者是也。其實多積實

而無區此年小民當青黃時借貸艱難。且盖社倉而豐之僅有當年

倉廩穀前後任當算交代小民並不得過逼兩閒焉。壹事經官委則民

法美政後貸好於子虛烏有。國藩今牧兩社倉之法而私行之我境。

我家先捐穀二十石。附近各富家而勸其量為捐穀於夏月借与

181

贫户，秋冬月取一分息收还（每石加一斗）。丰年不增，凶年不减。凡贫户来借者，须于四月初间告知经管社仓之人。经管量谷之多少，分布于各借户，令每人书券一纸，冬月还谷销券。若有不还者，同社皆理斥，议罚加倍。以后每年我家量力添捐几石。或有地方争讼，理曲者，罚令量捐社谷少许。每年增加，不过十年，可积至数百石，则我境可无饥民矣。盖夏月谷价昂贵，秋冬价渐平落，数月之内，一转移之间，而贫民已大占便宜，受惠无量矣。吾乡昔年有食双谷者，此风近想未息。若行此法，则双谷之风可息。　　吾前与澄弟面商之，说

贫至人冬月取一多息收还。每石加一斗，丰年不增，凶年不减。凡贫户来借者，须于四月初间告知经管社仓之人。经管量谷之多少分派于各借户。今每人书券一纸，登月还谷销券。善者不还者同社皆理处议罚。加倍，以后每年我家量力添捐数石。社理曲者罚，令量捐谷数斤。每年增加不过十年，可积至数百石。则我境可望饥民矣。且夏月谷价昂贵，秋冬价渐平减。数月之内一移之间，而贫民已大受惠，此量美。季乡若年有余谷，内移之间，而贫民已大受惠，此量美。季乡若年有余谷，双谷亦此风近想去息，若行此法，则双谷之风可息。吾与澄弟再商之祝

我家每年备谷救地方贫户。细细思之，施之既不能及远，行之又不可以久；且其法止能济下贫乞食之家，而不能济中贫体面之家。不若社仓之法，既可以及于远，又可以贞于久；施者不甚伤惠，取者又不伤廉，即中贫体面之家亦可以大享其利。本家如任尊、楚善叔、宽五、厚一各家，亲戚如宝田、腾七、宫九、荆四各家，每年得借社仓之谷，或亦不无小补。澄弟务细细告之父大人、叔父大人，将此事于一二年内办成，实吾乡莫大之福也。我家捐谷，即写曾呈祥、曾呈材双名。头一年捐二十石，已后每年或三石，或五石，或数十石。地方

我家每年备谷救地方贫户。细之思之。施之既不能及远行之又不可以久。

且甚足止能济下贫亡食之字而不能济中贫体而言家不善社仓之法。

既可以反于远又可以负于久施者甚偶惠取者又不偿虑师中贫体。

而言家亦可以大事其利乎家好任尊储善举实五厚一名家亲戚如宝

田腾七宫九荆罗家每年浮储社仓之谷救亦不举山补澄弟务细之告之

父大人

野父大人将此事于一二年内筹成宝善乡莫大之福地我家捐谷即守

曾宝祥材双名顷一年捐二十石巳后每年或三石或五石或数十石地方

185

每年有乐捐者，或多或少不拘，但至少亦须从一石起。吾思此事甚熟，澄弟试与叔大人细思之，并禀父亲大人，果可急于施行否？近日即以回信告我。　　京寓小大平安。保定所发家信，三月末始到。赛中堂于初九日赴广西。考差在四月十四。同乡林昆圃于三月中旬作古。予为之写知单，大约可得百金。熊秋佩丁外艰。余无他事。予前所寄折稿，澄弟可抄一分交彭篠房，并托转寄江岷樵。抄一分交刘霞仙，并托转寄郭筠仙。　　赛中堂视师广西，带小钦差七十五人，京兵

霞仙并託转寄郭筠仙。赛中堂视卿广西带兵

予前两寄摺稿，澄弟可抄一分交彭筱房，并託转寄江岷樵，抄一分交罗

三月中旬作有亭寄纪军，大约可得百金。然秋佩丁外艰，将办他事。

信三月末始到。赛中堂于初九日起广西考差。在月十四同乡林崑圃中

父亲大人黑可急于旅行否。近日所以四信告我家廊出处平安。儒室两发家

拜大人细思之。并禀

澄弟识多。

每年有堂指者。颇多。我少无拘。但堂少。亦须阻一石起。吾恐此事甚难。

钞着七千五人京兑。

二百四十名，京炮八十八尊，抬枪四十杆，铅子万余斤，火药数千斤。沿途办差，实为不易。粤西之事，日以猖獗。李石梧与周天爵、向荣皆甚不和，未知何日始得廓清。圣主焦灼宵旰，廷臣亦多献策，而军事非亲临其地，难以遥度。故予屡欲上折，而终未敢率尔也。余不一一。

兄国藩手草，咸丰元年四月初三日，第五号

二百四名。京礟八千八尊。括镖军杆铅子万斤行史蕃教千斤。沿途籍
善宾彦不易粤匪之事。日以揢搬。李石梧与周天爵向来皆甚不和来书
何日能问廓清。

膺兹隹灼宵旰。廷臣赤多麇策。而军事非亲临其地。雖以逵彥故
于屡頻上摺而终未散承乐也。餘不一一。天团篇手笪

致澄弟温弟沅弟季弟　　咸丰元年五月十四日

　　简评：曾氏此信主要是告知四位老弟其所上奏折《敬陈圣德三端预防流弊疏》的前因后果。奏折的内容是三言两语赞扬皇帝的三种美德，而绝大部分文字则是批评皇帝办事琐碎、徒饰虚文和骄矜自恃等错误。这在善于拍马屁还怕来不及的庸臣看来简直是狂妄至极和大逆不道，所以当时旁人莫不震惊，而曾家父母兄弟也提心吊胆。曾氏在信中表明来写此奏折在于忠君报国，挽救时风，早已将得失祸福置之度外。咸丰皇帝在近臣"君圣臣直"的劝说下，包容了曾氏，也就为平定太平天国留下了第一等人才。

澄侯、温甫、子植、季洪四位老弟足下：

　　四月初三日发第五号家信。厥后折差久不来，是以月余无家书。五月十二折弁来，接到家中四号信，乃四月一日所发者。具悉一切。植弟大愈，此最可喜。京寓一切平安。癣疾又大愈矣，比去年六月更无形迹。去（年）六月之愈，即已为五年来所未有，今又过之。或者从此日退，不复能为恶矣。皮毛之疾，究不甚足虑，久而弥可信也。　　四月十四日考差题"乐民之乐者，民亦乐其乐"，经文题"必有忍，乃其有济；有容，德乃大"，赋得"濂溪乐处"得"焉"字。　　二十六日，余又进一谏疏，敬陈

澄侯温甫子植季洪四位老弟左右：四月初三日
顺抚叅弟兄来書，并四月十一所发堂家书。
予信乃四月初所發者，其急一切植弟大會此信可喜。堂上一切平安四月十二折弁寄到京中四

要僻疾又大愈矣。此去年六月又发脾道刹去年五月之會即己发至矣。

茶所寄者，今又過之該書經此可退石瘦能劳慰甚矣。读毛之疾寮不甚

至虑久而翳可修也。四月十四日寿会考题乐民之乐者民亦乐其乐经文

题必有忠肃有壹绕乃大赋得塘溪乐书得五言二平音余
又進一课蹡敬陈

圣德三端，预防流弊。其言颇过激切，而圣量如海，尚能容纳，岂汉唐以下之英主所可及哉！余之意，盖以受恩深重，官至二品，不为不尊；堂上则诰封三代，儿子则荫任六品，不为不荣。若于此时再不尽忠直言，更待何时乃可建言？而皇上圣德之美出于天亶自然，满廷臣工，遂不敢以片言逆耳，将来恐一念骄矜，遂至恶直而好谀，则此日臣工不得辞其咎。是以趁此元年新政，即将此骄矜之机关说破，使

聖德三端預防流弊其言頗過激切。而

聖意如海尚能容納豈澤唐以下之英主所可及哉。余之意蓋以

恩深立官至二品者亦尊。堂上之則

諒封三代。以此則鹽任六品不為不榮耳擇此時而不畫思直言更待何

時乃可建言。而

皇上聖德正美出于天亶自絕滿達匡正不敢以防言遂爾。將來恐

一念驕矜遂至惡直而好諛則此日之舉不免通其罪矣以題此元年

新政即將此驕矜之機闕說破使

圣心日就兢业而绝自是之萌。此余区区之本意也。现在人才不振，皆谨小而忽于大，人人皆习脂韦唯阿之风。欲以此疏稍挽风气，冀在廷皆趋于骨鲠，而遇事不敢以退缩。此余区区之余意也。折子初上之时，余意恐犯不测之威，业将得失祸福置之度外矣。不意圣慈含容，曲赐矜全。自是以后，余益（更）当尽忠报国，不得复顾身家之私矣。然此后折奏虽多，亦断无有似此折之激直者。此折尚蒙优容，则以后奏折，必不致或触圣怒可知矣。诸弟可将吾意细告

聖心可謂競業。而絕自是之萌。此余所以為幸意也。現在人才不振皆

謹慎愿于大人之皆習脂韋唯阿之風故以此疏稍挽風氣冀在進

皆趨于脂韋而遇事不敢以逕縮此余所以具疏也摺子於上年余

意詔犯不測之威業掉浮失細福冒之厲矣。不意

聖慈含容曲賜矜全自是以後余當竭忠報　國不得因　讒

身家之私矣然此後摺奏雅多而斷不有似此摺之激直者此摺尚蒙

優容則以後奏摺必致獲觸

聖怒可知矣。諸弟可將吾意細告

堂上大人，毋以余奏折不慎，或以戆直干天威为虑也。　　父亲每次家书，皆教我尽忠图报，不必系念家事。余敬体吾父之教训，是以公尔忘私，国尔忘家。计此后但略寄数百金偿家中旧债，即一心以国事为主，一切升官得差之念，毫不挂于意中。故昨五月初七大京堂考差，余即未往赴考。侍郎之得差不得差，原不关乎与考不与考。上年己酉科，侍郎考差而得者三人：瑞常、花沙纳、张芾是也。未考而得者亦三人，灵桂、福济、王广荫是也。今年侍郎

堂上大人毋以余 奏摺不慎。戒以謹直干

天威。岁廑廑。

父親每次家書皆教我盡忠圖報不必繫念家事。余敢體吾

父之教訓。是以公亦忘私國亦忘家。計此後但略寄數百金償家年舊

債。即一心以國事為主。一切升官得差之念毫不挂于意中。教昨丑

月初七大字堂考共多即未佳趣考。侍郎之得差不得差。厚不関

守兄弓考上年己酉科。侍郎考共两得者三人。瑞常花沙納

張常号也。余考两得者承三人。寶桂福濟之廣蔭是也。今年侍郎

197

考差者五人，不考者三人。是日题"以义制事以礼制心论"，诗题"楼观沧海日"得"涛"字。五月初一放云贵差，十二放两广、福建三省，名见京报内，兹不另录。袁漱六考差颇为得意，诗亦工妥，应可一得，以救积困。朱石翘明府初政甚好，自是我邑之福。余下次当写信与之。霞仙得县首，亦见其犹能拔取真士。刘继振既系水口近邻，又送钱至我家求请封典，义不可辞。但渠三十年四月选授训导，已在正月二十六恩诏之后，不知尚可办否。当再向吏部查明。如不可办，则当俟明年四月升祔恩诏，乃可呈请。若并

考差者无人石考者三人昌日题以义制事以礼制心论诗题楼观沧

海日得涛字。五月初一放云贵差十二放两广福建三省。名见字报内。

弟不另录。弟澂亭考差颇惬吾意。诗亦工高应可得以叙积困朱石

翘明府祁政甚好自是我邑之福今次赏字信与之霞仙浮躁苦。

亦见其犹能拔取真士刘继搢既係水口近邻又送钱至我家求请

对典義不可辞。但学三十年四月选授训导已在正月世兄

恩荫之后不知尚可办否学再函吏部查明究可办则学侯明年四月

升衔恩诏乃可呈请等弟

升衲之时推恩不能及于外官，则当以钱退还。家中须于近日详告刘家，言目前不克呈请，须待明年六月乃有的信耳。　　澄弟河南、汉口之信皆已接到。行路之难，乃至于此！自汉口以后，想一路载福星矣。刘午峰、张星垣、陈谷堂之银皆可以收，刘、陈尤宜受之，不受反似拘泥。然交际之道，与其失之滥，不若失之隘。吾弟能如此，乃吾之所以欣慰者也。西垣四月二十九到京，住余宅内，大约八月可出都。　　此次所寄折底，如欧阳家、汪家及诸亲族不妨抄送共阅。见余忝窃高位，亦欲忠直图报，不敢唯阿取容，惧其玷辱宗族，辜负期望也。余不一一。

兄国藩手草，咸丰元年五月十四日第六号

升补之时推思以能友于外官，则当以铔迁还家中顷于近日详告兄

家言目前不克主清须待明年二月乃者的信尔。澄弟河南澄

云信望已接到行路之难乃至于程此自澄以后想一路载福星矣澍

午峰张星桓陈毂堂之馆堂可以收则陈尤宜变之不变反如揭虎然

文隆之道与其失之滥不若失之隆吾束能好此乃吾之所以终身蓐蓐

西垣四月廿九到京佳金室内大约八月可生都。珍宁摺底如颐阳家

汪家及诸亲族石妨钞送黄闺见金泰窃高信乘顿忠直图报不放唯阿

取容珩孚宗族辜负期望也。馀不一一　天国厚季草

咸丰元年　五月十四日　第四号

懽箕

禀父亲　　咸丰四年五月二十夜

简评：曾氏此信系写给其父亲，内中告知重要军事情况如太平军进入岳阳等地、士兵闹事等，表示自己会认真办理，不必让父亲操心。末一段"以后总求不履县城"一语具有深意，是担心父亲受人之托，借其儿子的地位，干出些麻烦事来。家训主要是针对子弟的，因为此信意存规劝，故选录于此。

男国藩跪禀父亲大人万福金安：

　　二十日申刻唐四到，奉到手谕，敬悉一切。家中大小平安，乡间田禾畅茂，甚为忻慰。　　贼匪于初六日复窜入岳州城内，约有二三千人，岳阳城下及南津港船约有数百号。初八九分船窜至西湖，扰安乡县。十三日龙阳失守。东而益阳，西而常德，并皆戒严。此间调李相堂都司带楚

男國藩跪禀

父親大人萬福金安　二十日申刻唐四到幸到

手諭敬悉一切　家中大小平安　鄉閭甲末暢茂　甚堪忻慰　賊匪

於初六日復竄入岳州城内　約有二三千人岳陽城下及南津港灘

約有數百号　初八九今船竄至西湖㘭　男鄉縣　十三日龍陽尖

守東西益陽　沅湘常　德等省　戒嚴　簡調李相重都司帶楚

勇一千、胡咏芝带黔勇六百前往，又调周凤山带道州勇一千一百，想廿三、四可先后到常。又赵璞山带新宁勇一千由宝庆往常德，又有贵州兵一千亦至常德，想可保全。塔智亭于十二日起程至岳，现尚未到。　　男在省修理战船，已有八分工程。衡州新船及广西水勇均于本月可到，出月初即可令水师至西湖剿贼。十八日，城墙上之兵一二千人闹至中丞署内，因每银一两折放钱二千文，系奉户部咨而兵不肯从。斫柱毁轿，闹至三堂，实属可虑。二十日，吴坤

勇一千胡诩堂带鲍貴兮哨前往继又调周凤山梯道州勇一千一百

想廿三四可先後到常又赵璞山带新寧勇一千重慶慶繼常

總又有贵州兵二千要到常德想可保全塔智亭於十二日起程矣

岳現尚未到男在省修理战船已有八分工程衡州新船及廣

西水勇均於本月可到本月初即可令水師至西湖勒賊六日城

塘上之兵二千人閙至中丞署内每銀一兩折放錢三千文偽東下

郡望兩兵不肯遲硃柱毀橋閙至三堂實屬可憲二十日吴坤

修之火器所起火。火药烧去数千斤，其余火器全烧，伤人数十，现尚未查清。此事关系最要紧，男之心绪不能顺适，然必认真办理，断不因此而稍形懈弛。　　大人此次下县，系因公事绅士之请，以后总求不履县城，男心尤安。尤望不必来省，军务倥偬之际，免使省中大府多出一番应酬。男亦惟尽心办理一切，不以牵裾依恋转增大人慈（怀）爱感喟之怀，伏乞大人垂鉴。余容续禀。

五月二十夜，男跪禀

修之失器所起失火藥燒去數千斤甚餘失器全燒傷人數十個

尚未查清此事關係甚重緊男之心緒不能順遂經此詔告先消

理對不因此而稍形懈弛

大人此次下縣係母出事紳士之請以後總求不履縣城男心尤安

尤望不必來省軍務倥傯之際免使省中大府多出一番應酬

男亦惟盡心辦理一切不以章程依應耤增

大人慈懷感喟之懷儀記

大人垂鑒餘容續筆五月二十禀男紀澤